Achim Gaier
Typenkompass
Youngtimer
Motorräder 1970–1980

Typenkompass

Achim Gaier

Youngtimer

Motorräder 1970–1980

Mit Fotos von Ulrich Schwab

Motorbuch Verlag

Einbandgestaltung: Luis dos Santos unter Verwendung von Motiven von Ulrich Schwab

Bildnachweis: Alle Bilder, so weit nicht anders vermerkt, stammen aus der Sammlung des Autors

ISBN 978-3-613-03243-9

1. Auflage 2010

Sie finden uns im Internet unter http://www.motorbuch-verlag.de

Lektorat: Joachim Kuch
Innengestaltung: Anita Ament, Leonberg
Reproduktion: digi bild reinhard, 73037 Göppingen
Druck und Bindung: Kessler Druck und Medien, 86399 Bobingen
Printed in Germany

Die Siebziger waren goldene Jahre für die Motorradbranche, die Windgesichter, Winterfahrer und Elefantentreffen-Teilnehmer rieben sich verwundert die Augen: Schneller, höher, weiter – Motorradfahrern wurde zu einem Massenphänomen. Das belegten auch die Zulassungszahlen ebenso wie die steigenden Umfänge der *Motorrad*-Hefte. Zu Anfang des Jahrzehnts trugen in der damaligen Bundesrepublik lediglich 141.047 Maschinen, die mit dem alten Führerschein 1 bewegt werden durften, das »Kuchenblech«. Zehn Jahre später hatte sich ihre Zahl nahezu vervierfacht. Noch steiler verlief die Erfolgskurve bei den Neuzulassungen, die von 8254 (1970) auf 98 893 (1980) nach oben wies. Uneingeschränkter Marktführer war Honda. In den ersten Jahren hatte BMW noch mithalten können, wurde dann aber von Yamaha, Suzuki und Kawasaki überholt: Die Boxer schienen nicht mehr in die Zeit zu passen, Hondas Vierzylinder stellten das Maß aller Dinge. Unter den italienischen Herstellern kam lediglich Moto Guzzi auf nennenswerte Stückzahlen. Britische Marken spielten keine Rolle mehr, und Exoten wie Ducati oder Van Veen kannte man zumeist nur von Postern oder aus dem Motorrad-Katalog.

Für Motorradfahrer hatten die Siebziger eigentlich schon 1969 begonnen – für die Traditionalisten mit der BMW Strich-Fünf, für alle anderen mit Ankunft von Hondas CB 750. Gleichzeitig steht die CB 750 für mehr als ein neues Motorrad, sie steht für ein neue Ära, in der sich die Motorradbranche grundlegend verändern sollte. Zum Beispiel die deutschen Hersteller: Die bauten feine, tolle und leistungsstarke Maschinen mit zumeist maximal 125 Kubik, solide durchkonstruiert, aber kaum mehr als aufgeblasenen 50er. Das war zu wenig, denn aus Japan kamen richtig erwachsene Motorräder, die dank kostengünstiger Großserienfertigung viel günstiger waren als die deutschen Zweitakter. Na ja, der Motorradbau lohne sich eben nicht mehr, das war ja die erklärte Meinung der Industrie praktisch überall in Europa. Motorräder waren ein zweirädriger Wartesaal für diejenigen, die dann sowieso aufs Auto umstiegen, eine rühmliche Ausnahme bildete BMW, der einzige deutsche Hersteller von Belang.

Den japanischen Marken, den Honda und Suzuki, Kawasaki und Yamaha, hatten die europäischen Hersteller nichts entgegen zu setzen, und dass 1977 das Versicherungssystem grundlegend neugeordnet wurde, erschwerte die Lage zusätzlich: Nach der neuen Regelung wurden Motorräder nicht mehr nach Hubraum, sondern nach Motorleistung versichert: 10, 17, 27, 50, über 50 PS. Normalerweise waren die 27-PS-Prämen noch erschwinglich, sie lagen in ungefähr auf dem Niveau der Kleinkrafträder. Und in der Klasse gab es eine gigantische Vielfalt, die meisten Motorradfahrer begannen ihre Laufbahn dann auf einer 360er Yamaha, einer 400er Suzi oder einer 400er Honda.

Diese neue Versicherungseinstufung verstärkte eine Entwicklung, die den deutschen Herstellern sowieso zu schaffen machte: Denn jetzt fiel das letzte Argument für die Anschaffung einer 125er weg. Bisher viel günstiger im Unterhalt, musste man nun mit hubraumgrößeren, aber gleichstarken japanischen Maschinen konkurrieren. Soweit nicht bereits geschehen, beschränkten sich Kreidler, Zündapp und Co. auf Mofas , Mokicks und Leichtkrafträder, in der Hoffnung, dass sich stets genügend Nachwuchs finde, der bereit sein würde, deutsche Wertmannsarbeit zu erwerben.
Die japanischen Hersteller machten die Sache dieweil unter sich aus. Da mochten *Motorrad* noch so sehr Laverda-Fahrberichte und Ducati-Tests bringen, die Unterschiede der Triumph- und Norton von 1976 herausstreichen: Die Lebenswirklichkeit hieß Honda und Kawasaki, Suzuki und Yamaha.

Die britische Motorradindustrie war in den Siebzigern praktisch nicht mehr existent. Was die Japaner nicht geschafft hatten, erledigten die britischen Industriearbeiter: In wilden Streiks ruinierten sie das letzte bisschen Reputation, das von der einstigen Herrlichkeit der britischen Motorindustrie geblieben war. Wenn es so etwas wie einen Überlebenden gab, dann war es Triumph. Nachdem die Arbeiterschaft das Werk besetzt hatte und so die Schließung verhindert hatte (das war 1973) entschied sich die britische Regierung, der so genannten Arbeiterkooperative mit staatlichen Mitteln eine Förderung zu ermöglichen. Viel Geld für Entwicklungsarbeit blieb da kaum übrig, und entsprechend kamen auch die Motorräder daher: Als sattsam bekannter Aufguss Jahrzehnte alter Motorrad-Rezepte. Und die Gewerkschafts-Aktivisten kümmerten sich noch weniger als zuvor um die Belange der europäischen Motorradfahrer

Viel besser sah es auch bei den italienischen Herstellern nicht aus. Ducati stand unter staatlicher Leitung, Moto Guzzi gehörte zusammen mit Benelli zum de-Tomaso-Konzern, MV Agusta fanden in der zweiten Hälfte des Jahrzehnt praktisch nicht mehr statt.

Als ob es nicht schon schwer genug gewesen wäre, sich gegen die japanischen Hersteller durchzusetzen: Wenn nicht gerade eine große Importorganisation dahinter stand, konnte vielfach nicht geliefert werden. Ein typisches Beispiel war der Moto-Guzzi-Import. Lange Jahre in den Händen von Zweirad-Röth, traten nach der Übernahme durch de Tomaso erhebliche Reibungen zwischen den beiden auf, was letztlich dazu führte, dass der Import an die Deutsche Motobecane überging. Diese wiederum hatte bisher vor allem Mofas vertrieben und musste in vielen Fällen beim Nullpunkt beginnen, denn nach der Trennung von Röth ging auch eine ganze Reihe von Guzzi-Händlern von der Fahne und übernahmen nun den Suzuki-Vertrieb. Röth selbst büßte dann ebenfalls den Suzuki-Vertrieb ein, die japanischen Konzernherren beauftragten den kapitalkräftigeren niederländischen Importeur mit dem Deutschland-Vertrieb.

Irrungen und Wirrungen auch bei Kawasaki. Zunächst über Detlev Louis vertrieben und dann, Anfang der Siebziger kurzzeitig beim

Karstadt-Vertrieb, gründete der kleinste japanische Hersteller dann eine eigene deutsche Importgesellschaft, was die Basis für ein kontinuierliches Wachstum legte.
Daneben scheint der Versandhandel damals eine große Anziehungskraft entwickelt zu haben. Dass Neckermann in jenen Jahren die ostdeutsche Marke MZ in den Vertrieb genommen hatte, dürfte ziemlich bekannt sein, dass aber auch Quelle das versucht hatte (mit tschechischen Jawa/CZ), ist vielleicht nicht ganz so bekannt. In jedem Fall aber war der Preis das Ausschlag gebende Argument, nicht unbedingt das Image.
Günstiges gab es aber auch bei den Japanern, und das mehr denn je: Zum Ende des Jahrzehnts verfielen die Preise auch bei den japanischen Herstellern – ein Resultat des beginnenden und später so genannten Honda-Yamaha-Kriegs, einem globalen Verdrängungswettbewerb um die Vorherrschaft auf dem Motorradsektor. Ständig neue Maschinen zu immer günstigeren Preisen wurden auf den Markt geworfen, und den normalen Motorradfahrer interessierte das strategische Kalkül dahinter wenig. Er merkte nur: Es gab ständig neue Maschinen für kleines Geld, und wer sich dann noch entschloss, bei einem der Grau-Importeure zu ordern (und davon gab es eine ganze Menge) konnte noch einmal richtig satt sparen. Die Listenpreise jedenfalls waren kaum mehr das Papier wert, auf dem sie gedruckt waren.
Der Boom bescherte eine Vielfalt von unterschiedlichen Modellen in allen Hubraum- und Leistungsklassen. Allein in der populären 27-PS-Klasse hatte Yamaha zeitweilig nicht weniger als zehn verschiedene Modelle zu bieten. Allerdings konnte kein Händler mehr alle Sturz- und Verschleißteile für jedes der Modelle seiner Marke auf Lager zu halten. Wer Pech hatte, verbrachte Monate ohne Motorrad, weil irgendein nicht lieferbarer Pfennigartikel seine Maschine lahm legte. So viele Frachtschiffe, wie damals angeblich mit den dringenden benötigten Ersatzteilen untergingen, gab es gar nicht. Ganz gut dagegen diejenigen, die BMW die Treue hielten: Der kleine deutsche Hersteller machte einen dramatischen Wandel durch. Auch für BMW-Fahrer begannen die Siebziger schon in den Sechzigern, die Strich-5-Generation verdeutlichte, dass man auch in München die Zeichen der Zeit hatte zu deuten verstanden. Auch wenn man nie in den Leistungswettkampf der japanischen Giganten eingriff: Mit der R 90 S und der R 100 RS zeigten die Weißblauen, dass mit ihnen sehr wohl noch zu rechnen war. Gleichwohl gerieten sie in der zweiten Hälfte des Jahrzehnts in die Defensive, mit ganzseitigen Imageanzeigen versuchten sie massiv dagegen zuhalten und sich dem Leistungswettrüsten zu entziehen. Und die Japaner schienen es immer toller zu treiben. Brachten in Großserie Sechszylinder-Maschinen, die mehr als 100 PS zu leisten vermochten. Diese unerhörte Leistung sorgte für ein enormes Aufsehen und eine noch heftigere öffentliche Diskussion, die die Motorradhersteller und Importeure, um einer eventuellen Gesetzgebung zuvor zu kommen, 1978 eine freiwillige Selbstbeschränkung auf 100 PS vornehmen ließ: Leistungsstarke Motorräder galten als unbeherrschbar, zumindest beim damaligen Stand der Fahrwerkstechnik. Und da war wirklich etwas dran, daher boten Spezialisten und Motorrad-Veredler mit eigenen Fahrwerkskonstruktionen den japanischen Multizylindern einen – im wahrsten Sinne des Wortes – adäquaten Rahmen.
Die Vielfalt an Motorradkonstruktionen im Boom-Jahrzehnt des Motorradbaues war also kaum überschaubar, daher kann auch dieser Typenkompass nicht mehr sein als ein Überblick über die interessantesten, wichtigsten und exotischsten Maschinen jenes Jahrzehnts: Es wäre unmöglich, jede Maschine auf dem Verfügung stehenden Raum unterzubringen.

Aermacchi SS 175

Aermacchi ging aus einem Flugzeugbauer hervor und begann 1950 mit der Motorradproduktion. Die erste erfolgreiche Serienmaschine erschien 1956 und hieß Chimera. Bis zur vollständigen Übernahme durch Harley-Davidson bildete deren obengesteuerter Viertakter das Rückgrat der Modellpalette. Die Amerikaner hatten sich 1961 bei Aermacchi engagiert, die kleinen Italiener sollten die Modellplatte nach unten abrunden. Die meisten Motorräder gingen demzufolge in die USA, der Rest der Welt außerhalb Italiens war für die Marke uninteressant. Ende der Sechziger verabschiedet sich Aermacchi allmählich vom alten Stoßstangen-Einzylinder, unter dem Label AMF Harley-Davidson wurden anschließend Einzylinder-Zweitakter in den verschiedenen Hubraumgrößen mit dem Kürzel SS vermarktet.

Modell:	Aermacchi Harley-Davidson SST 175
Baujahr:	1977
Motor:	1-Zyl., 2-Takt
Hubraum (ccm):	174
Bohrung x Hub (mm):	61 x 59,6
Max. Leistung (kW/min):	12,5/6750
Max. Drehm. (Nm/min):	19/6000
Gemischaufbereitung:	Vergaser
Kraftübertragung:	5-Gang, Kette
Starter:	Kick
Fahrwerk:	Doppelschleifenr., Telegabel, Federbeine
Reifen v./h. (mm):	3.25-19/4.00-18
Federweg v./h. (mm):	150/70
Bremsen v./h. (mm):	Trommel/Trommel
Gewicht (kg):	127
Radstand (mm):	1420
Höchstgeschw. (km/h):	115

Diese konventionellen SS-Typen standen auch am Anfang der Cagiva-Produktion.

Benelli 650 Tornado

Modell:	Benelli 650 Tornado
Baujahr:	1971
Motor:	2-Zyl., 4-Takt, ohv, 2V
Hubraum (ccm):	643
Bohrung x Hub (mm):	84 x 58
Max. Leistung (kW/min):	33/6500
Max. Drehm. (Nm/min):	k.A.
Gemischaufbereitung:	Vergaser
Kraftübertragung:	5-Gang, Kette
Starter:	Elektro
Fahrwerk:	Doppelrohr, Telegabel, Federbeine
Reifen v./h. (mm):	3.50-18/4.00-18
Federweg v./h. (mm):	k.A.
Bremsen v./h. (mm):	Trommel 230 / Trommel 200
Gewicht (kg):	222
Radstand (mm):	1460
Höchstgeschw. (km/h):	175

1971 präsentierte Benelli, das 1911 gegründete und seit 1921 im Motorradbau tätige Unternehmen, sein bis dahin größtes Motorrad: Mit 650 Kubik aus zwei Zylindern spielten die Italiener aus Pesaro in einer Liga mit Triumph und Co. Der 50 PS starke Paralleltwin mit klassischen Stoßstangen hatte ein tolles Fahrwerk(»Klacks« beim Nürburgring-Test: »Die Tornado ist in jedem Fall ein Kurvenmotorrad.«), aber zu kurzen Hub und daher nicht genug Dampf aus dem Drehzahlkeller. Außerdem litt die Tornado von Anfang an unter jenen Beschränkungen, mit denen jeder italienische Hersteller in Deutschland zu kämpfen hatte: ein praktisch nicht existierendes Händlernetz, ein Hersteller, der ausschließlich auf den amerikanischen (oder den einheimischen) Markt fixiert war, geringe Produktionskapazitäten (mehr als zehn Motorräder pro Tag hätten gar nicht gebaut werden können), eine unübersichtliche Importeursstruktur und hohe Preise: 6295 Mark wurden 1973 aufgerufen.

Benelli 125/250 2C

Modell:	Benelli (Moto Guzzi) 250-2C
Baujahr:	1972
Motor:	2-Zyl., 2-Takt
Hubraum (ccm):	232
Bohrung x Hub (mm):	56 x 47
Max. Leistung (kW/min):	24 PS/7500
Max. Drehm. (Nm/min):	23/7000
Gemischaufbereitung:	Vergaser
Kraftübertragung:	5-Gang, Kette
Starter:	Kick
Fahrwerk:	Doppelschleifenr., Telegabel, Federbeine
Reifen v./h. (mm):	3.00-18/3.25-18
Federweg v./h. (mm):	110/80
Bremsen v./h. (mm):	Trommel 180/ Trommel 160
Gewicht (kg):	134
Radstand (mm):	1310
Höchstgeschw. (km/h):	150

Benelli erschien 1972 mit zwei neuen Zweitakt-Maschinen, die bis auf den Motor (und die Beschriftung auf den Seitendeckeln) einander glichen wie ein Ei dem anderen. Die neuen Zweitakt-Triebwerke – 12,8 beziehungsweise 24 PS stark – boten guten Klassenstandard bei den Fahrleistungen, weit darüber hinaus hingegen reichte das feine Fahrwerk mit Doppelschleifen-Rohrrahmen und Marzocchi-Federelementen vorn wie hinten. Die fliegengewichtigen Benellis (die 250er brachte fahrfertig lediglich 134 kg auf die Waage) konnten sich dennoch nicht recht durchsetzen, kamen aber, verschiedentlich überarbeitet (so gab es für 1976 neue Räder sowie eine Scheibenbremse vorn) auf eine erstaunlich lange Bauzeit.
Da Benelli-Besitzer De Tomaso auch Moto Guzzi gehörte, wurden die Maschinen auch als Moto Guzzi T2 vermarktet, hatten dann aber einen 17-Liter-Tank (statt 12,5) und kosteten weniger.

Benelli 750 Sei

Modell:	Benelli 750 Sei
Baujahr:	1974
Motor:	6-Zyl., 4-Takt, ohc, 2V
Hubraum (ccm):	747
Bohrung x Hub (mm):	56 x 50,6
Max. Leistung (kW/min):	43/8500
Max. Drehm. (Nm/min):	57/4000
Gemischaufbereitung:	Vergaser
Kraftübertragung:	5-Gang, Kette
Starter:	Elektro
Fahrwerk:	Doppelrohr, Telegabel, Federbeine
Reifen v./h. (mm):	3.50-18/4.00-18
Federweg v./h. (mm):	130/95
Bremsen v./h. (mm):	2 x Scheibe 280 / Trommel 200
Gewicht (kg):	255
Radstand (mm):	1420
Höchstgeschw. (km/h):	180

Der Besitzerwechsel sollte eine neue Ära in der Geschichte der Benelli-Straßenmodelle einläuten. Der neue Besitzer de Tomaso war ein Rennsport-Enthusiast, Brot-und-Butter-Motorräder waren nicht sein Ding. Er setzte seine Ingenieure (er baute in Italien unter eigenem Namen auch Supersportwagen) an eine Sechszylinder-Konstruktion mit 750 Kubikzentimeter Hubraum. Die 750 Sei (Sechs) mit der einzelnen obenliegenden Nockenwelle trug jeweils drei Auspufftüten beiderseits des Hinterrades und machte rein optisch eine Menge her. Immerhin: Der Prototyp schaffte bei der Präsentation 1972 eine Spitzengeschwindigkeit von 185 km/h, und mit einer Leistung von 71 PS bei 8.500/min war Hondas CB 750 klar geschlagen. Als die rund 250 kg schwere Sei 750 aber Ende 1974 endlich auf den Markt kam, hatte sie der Konkurrenz aber lediglich noch ihr exklusives Motorenkonzept voraus.

Benelli 500 Quattro/654

Modell:	Benelli 654 Sport
Bauzeit:	1979
Motor:	4-Zyl., 4-Takt, ohc, 2V
Hubraum (ccm):	604
Bohrung x Hub (mm):	60 x 53,4
Max. Leistung kW/1/min:	37/8700
Max. Drehm. Nm/1/min:	k.A.
Gemischaufbereitung:	Vergaser
Kraftübertragung:	5-Gang, Kette
Starter:	Elektro
Fahrwerk:	Doppelrohr., Telegabel, Federbeine
Reifen v./h. (mm):	3.25-18/3.50-18
Federweg v./h. (mm):	125/79
Bremsen v./h. (mm):	2 x Scheibe 260 / Scheibe 260
Gewicht (kg):	203
Radstand (mm):	1410
Höchstgeschw. (km/h):	165

Die neue Mehrzylinder-Baureihe, die mit der Sei ihren Anfang genommen hatte, umfasste auch eine 500er, die Quattro. Dabei handelte es sich im Grund genommen um eine Sechszylinder, der man zwei Zylinder abgeschnitten hatte, Ventile, Kolben, Pleuel und weitere Innereien kamen aus dem Sei-Regal. Auch das Fahrwerk stammte von der Sechszylinder. Die 230 kg schwere Benelli schaffte im Test ein Spitze von 173 km/h und entwickelte sich zu einer soliden Alternative zu den japanischen Mehrzylindern in dieser Klasse. Andererseits hatte in Deutschland Honda mit der 500 Four und der CB 450 die Halbliterklasse fest im Griff. Für die Konkurrenz, und mochte diese noch so gute Fahrwerke aufweisen, blieb da nur wenig Raum übrig. Benelli hielt die Quattro über das gesamte Jahrzehnt hindurch über im Programm, die nur in Details weiterentwickelte 654 wurde auf dem Mailänder Salon 1979 präsentiert.

Benelli 254 Quattro

De Tomaso machte im Stil der größeren Sei-Modelle weiter. Die kleine Fabrik in Pesaro schob 1973 zunächst eine 500er-Vierzylinder nach, 1975 sogar eine 350er. Ein Jahr darauf folgte die Maschine, die Soichiro Honda sich nie hatte zu bauen gewagt: Die kleinste Serien-Vierzylinder überhaupt, eine 250er mit der Modellbezeichnung 254. Die hatte aber einen Hubraum von nur 231 cm³ (was in der italienischen Steuergesetzgebung begründet lag) und passte mit ihren 27 PS exakt in die damalige Versicherungslandschaft. Benelli-typisch folgte der pompösen Premiere zunächst einmal nichts, von einer Serienproduktion konnte erst 1978 die Rede sein. Die kapriziöse Italienerin mit dem seidenweichen Motorlauf gab es übrigens auch mit Moto-Guzzi-Emblem, was nichts an der bescheidenen Verbreitung änderte.

Modell:	Benelli 254 Quattro
Bauzeit:	1979
Motor:	4-Zyl., 4-Takt, ohc, 2V
Hubraum (ccm):	231
Bohrung x Hub (mm):	44 x 45,2
Max. Leistung kW/1/min:	19/10600
Max. Drehm. Nm/1/min:	19/9000
Gemischaufbereitung:	Vergaser
Kraftübertragung:	5-Gang, Kette
Starter:	Elektro
Fahrwerk:	Doppelschleifenr., Telegabel, Federbeine
Reifen v./h. (mm):	2.75-18/3.00-18
Federweg v./h. (mm):	120/70
Bremsen v./h. (mm):	Scheibe 260 / Trommel 158
Gewicht (kg):	127
Radstand (mm):	1270
Höchstgeschw. (km/h):	156

Benelli 900 Sei

Modell:	Benelli 900 Sei
Baujahr:	1979
Motor:	6-Zyl., 4-Takt, ohc, 2V
Hubraum (ccm):	906
Bohrung x Hub (mm):	61,5 x 50,6
Max. Leistung (kW/min):	59/8500
Max. Drehm. (Nm/min):	k.A.
Gemischaufbereitung:	Vergaser
Kraftübertragung:	5-Gang, Kette
Starter:	Elektro
Fahrwerk:	Doppelschleifenr., Telegabel, Federbeine
Reifen v./h. (mm):	100/90-18/129/90-18
Federweg v./h. (mm):	130/95
Bremsen v./h. (mm):	2 x Scheibe 300 / Scheibe 260
Gewicht (kg):	248
Radstand (mm):	1420
Höchstgeschw. (km/h):	193

Benelli antwortete auf Hondas CBX mit der größeren 900 Sei, die im Dezember 1978 vorgestellt wurde. Sie hatte 906 cm³ Hubraum aus 60 x 53,4 mm Bohrung und Hub und war viel mehr als eine aufgebohrte 750er: Im Grunde genommen handelte es sich um eine ganz neue Maschine. Der Motor war viel robuster, hatte unter anderem eine neue Kurbelwelle und ein neues Getriebe – womit auch die größten Schwachstellen der 750er genannt sind. Auch die Optik war neu, hatte einen Sechs-in-zwei-Auspuff und ein Instrumentenbord, das von den großen Guzzi-Modellen stammte. Auch Gabel, Integral-Bremssystem und Räder kamen aus Mandello. Die Spitze lag bei etwa 200 km/h. Doch auch hier dauerte es wieder einmal viel zu lange, bis die 900 Sei endlich in Produktion ging (vor 1980 war keine Sei bei ihren deutschen Kunden), und die Verarbeitung erreichte nicht das Niveau der fernöstlichen Konkurrenz.

Bimota KB 1

Modell:	Bimota KB 1
Baujahr:	1979
Motor:	4-Zyl., 4- Takt, dohc
Hubraum (ccm):	1016
Bohrung x Hub (mm):	70 x 66
Max. Leistung (kW/min):	69/8000
Max. Drehm. (Nm/min):	86/7000
Gemischaufbereitung:	Vergaser
Kraftübertragung:	5-Gang, Kette
Starter:	Elektro
Fahrwerk:	Gitterrohr, Telegabel, Zentralfederbein
Reifen (v/h):	3.50-18/130/80-18
Federweg v./h. (mm):	140/120
Bremsen v./h. (mm):	2 x Scheibe 300 / Scheibe 290
Gewicht (kg):	226
Radstand (mm):	1405
Höchstgeschw. (km/h):	237

1973 in Rimini gegründet, hatte sich Bimota für seine hervorragenden Fahrwerke mit Gitterrohrrahmen samt Zentralfederbein einen Namen gemacht, auch durch Spezialitäten wie den Leichtmetall-Exzenter (damit ließen sich der Schwingendrehpunkt und die Position der Hinterradachse einstellen). Mit der KB 1, bis 1982 das am meisten gebaute Bimota-Modell, boten die Italiener die Möglichkeit, die enorme Motorleistung der Kawasaki-Reihenmotoren von Z 900 /Z 1000 auch auf die Straße zu bringen. Nominell 79 bis 85 PS waren die Z-Motoren im Serientrimm stark – Bimota wollte durch die Verwendung einer 4-in-1-Auspuffanlage und geringfügige Modifikationen sogar 94 PS realisiert haben. Dank des geringeren Gewichtes stellten sich gegenüber den Serien-Kawasaki spürbar bessere Fahrleistungen ein. Für Hartgesottene hielt die KB 1 auch einen Soziusplatz bereit, der sich im Solobetrieb mit einer Abdeckung verbergen ließ. Für den Transport eines Passagiers ernsthaft gedacht war die KB 1 aber nie.

BMW R 75/5

Modell:	BMW R 75/5
Baujahr:	1969
Motor:	2-Zyl., 4-Takt, Boxer, ohv
Hubraum (ccm):	745
Bohrung x Hub (mm):	82 x 70,6
Max. Leistung (kW/min):	37/6200
Max. Drehm. (Nm/min):	60/5000
Gemischaufbereitung:	Vergaser
Kraftübertragung:	4-Gang, Kardan
Starter:	Elektro
Fahrwerk:	Doppelschleifenr., Telegabel, Federbeine
Reifen v./h. (mm):	3.25-19/4.00-18
Federweg v./h. (mm):	208/125
Bremsen v./h. (mm):	Trommel 200 / Trommel 200
Gewicht (kg):	210
Radstand (mm):	1385
Höchstgeschw. (km/h):	175

BMW-Motorräder gibt es seit 1923, die neue Motorrad-Generation von 1969 war aber erst die dritte in der Geschichte des Unternehmens: In München verabschiedete man sich mit der /5-Reihe von den gespanntauglichen Vollschwingen-Fahrwerken und brachte auch einen komplett neuen Boxermotor; die Nockenwelle lag jetzt unterhalb der Kurbelwelle. Fahrwerk, Chassis, und Getriebe waren ebenfalls neu, nur der Scheinwerfer mit zentralem Zündschloss erinnerte an die Vorgänger. Die R 75/5 als das Spitzenmodell der /5-Reihe (die auch noch eine R 50/5 und eine 60/5 umfasste) entwickelte sich zu Recht zum Verkaufsrenner. Die große Nachfrage führte zu Lieferschwierigkeiten in den ersten beiden Baujahren. Die erste Serie mit 1385 mm Radstand kämpfte mit Fahrwerksunruhen, die BMW frühzeitig durch eine verlängerte Schwinge behob. Die Modelle des Jahres 1972 hatten einen kleineren 18-Liter-Tank mit verchromten Seitenblenden und dazu passende Seitendeckel.

BMW R 90/6

Mit der /6-Reihe von 1973 brachen bei BMW modernere Zeiten an. Die 500er verschwand; die R 60/6 übernahm deren Rolle als Behördenmaschine und behielt deshalb die vordere Trommelbremse, alle anderen BMW verzögerten nun vorne per Scheibenbremse. Alle Modelle hatten ab 1975 neue Armaturen mit doppelten Rundinstrumenten, gelochte Bremsscheiben – leider nicht in doppelter Ausführung, sondern das erst gegen Aufpreis – mattschwarze Blinkergehäuse sowie neue Bedienelemente. Neu war auch das Fünfganggetriebe. Spitzenmodell war die R 90/6. Bei ihr ebenso wie bei den anderen beiden /6-Modellen serienmäßig war der kleinere Tank mit 18 Liter Volumen ohne die peinlichen Chrom-Seitenblenden.

Modell:	BMW R 90/6
Baujahr:	1973
Motor:	2-Zyl., 4-Takt, Boxer, ohv
Hubraum (ccm):	898
Bohrung x Hub (mm):	90 x 70,6
Max. Leistung (kW/min):	44/6500
Max. Drehm. (Nm/min):	73/5000
Gemischaufbereitung:	Vergaser
Kraftübertragung:	5-Gang, Kardan
Starter:	Elektro
Fahrwerk:	Doppelschleifenr., Telegabel, Federbeine
Reifen v./h. (mm):	3.25-19/4.00-18
Federweg v./h. (mm):	208/125
Bremsen v./h. (mm):	Scheibe 260 / Trommel 200
Gewicht (kg):	210
Radstand (mm):	1465
Höchstgeschw. (km/h):	188

BMW R 90 S

Die Ende 1973 zusammen mit der R 90/6 vorgestellte R 90 S war das erste Motorrad, das vom Sitzbank-Bürzel über den Tank bis zur Cockpitverkleidung von einem Designer, Hans A. Muth, entworfen worden. Dieser, ursprünglich innerhalb von BMW in der Cockpitgestaltung der Autos tätig, prägte das BMW-Bild dieser Epoche. Er schuf eine Maschine, die schon im Stand richtig schnell aussah. Die Technik unterschied sich nicht weiter von den übrigen /6-Modellen, doch hatte die auf 67 PS erstarkte Maschine die längste, bei einer Serien-BMW verwendete Endübersetzung. Die Gemischaufbereitung übernahmen Vergaser aus Italien. Im ersten Modelljahr gab es die R 90 S nur in rauchgrauer Lackierung, ab 1975 (mit den neuen Armaturen) auch in einem goldenen Farbton, der zum Synonym für die S werden sollte: Daytona Orange.

Modell:	BMW R 90 S
Baujahr:	1973
Motor:	2-Zyl., 4-Takt, Boxer, ohv
Hubraum (ccm):	898
Bohrung x Hub (mm):	90 x 70,6
Max. Leistung (kW/min):	49/7000
Max. Drehm. (Nm/min):	76/5500
Gemischaufbereitung:	Vergaser
Kraftübertragung:	5-Gang, Kardan
Starter:	Elektro
Fahrwerk:	Doppelschleifenr., Telegabel, Federbeine
Reifen v./h. (mm):	3.25-19/4.00-18
Federweg v./h. (mm):	200/125
Bremsen v./h. (mm):	2 x Scheibe 260 / Trommel 200
Gewicht (kg):	215
Radstand (mm):	1465
Höchstgeschw. (km/h):	200

BMW R 80/7

Während die /6-Reihe sich noch stark an die /5-Modelle anlehnte, entfernte sich die neue BMW-Generation von 1976 zumindest optisch deutlich weiter von ihren Ursprüngen. Einstiegsmodell in die BMW-Palette war die R 60/7, die mehr oder minder ausschließlich im Behördenbetrieb lief. Kennzeichen der gesamten Modellreihe war der Tank im Stil der R 90 S, jedoch mit bündig eingelassenem Tankdeckel. Weitere Unterschiede waren die neuen, eckigen Ventildeckel, hintere Federbeine, die nicht mehr gekapselt waren sowie auffällige Hupen. Die R 60/ und die R 75/7 verschwanden 1977 aus dem Programm, es kam die R 80/7 mit 800 Kubik Hubraum und 50 PS. Die neue Mittelklasse-BMW brachte es zu einiger Beliebtheit und blieb sieben Jahre aktuell. Nach dem Auslaufen der R 60/7 übernahm die R 80 deren Rolle als Behördenkrad.

Modell:	BMW R 80/7
Baujahr:	1977
Motor:	2-Zyl., 4-Takt, Boxer, ohv
Hubraum (ccm):	797
Bohrung x Hub (mm):	84,6 x 70,6
Max. Leistung (kW/min):	37/7250
Max. Drehm. (Nm/min):	63/5500
Gemischaufbereitung:	Vergaser
Kraftübertragung:	5-Gang, Kardan
Starter:	Elektro
Fahrwerk:	Doppelschleifenr., Telegabel, Federbeine
Reifen v./h. (mm):	3.25-19/4.00-18
Federweg v./h. (mm):	200/125
Bremsen v./h. (mm):	Scheibe 260 / Trommel 200
Gewicht (kg):	215
Radstand (mm):	1465
Höchstgeschw. (km/h):	170

BMW R 100 S

Im Herbst 1976 stellte BMW als Nachfolger der 900er drei Modelle mit einem Liter Hubraum vor. Die biederste war die 185 km/h schnelle R 100/7 als Basismodell. Bis auf den Hubraum war sie mit der R 80/7 in der ersten Ausführung identisch. Nur optisch interessanter war die R 100 S, welche die R 90 S ablöste. Auch gegenüber der vollverschalten R 100 RS konnte sie sich nicht so recht in Szene setzen. Zweifelsohne war die R 100 S ein schnelles Motorrad, doch das genügte nicht. Kennzeichen der gesamten Modellreihe war die deutlich gröbere Schwinge und eine zusätzliche Querstrebe hinter dem Lenkkopf. Mit dem Auslaufen der Modelle 100/7 und 100 S ab 1978 klaffte eine Lücke im Programm, die BMW mit der R 100 T (»Touring«) schloss.

Modell:	BMW R 100 S
Baujahr:	1976
Motor:	2-Zyl., 4-Takt, Boxer, ohv
Hubraum (ccm):	980
Bohrung x Hub (mm):	94 x 70,6
Max. Leistung (kW/min):	48/6600
Max. Drehm. (Nm/min):	75/5500
Gemischaufbereitung:	Vergaser
Kraftübertragung:	5-Gang, Kardan
Starter:	Elektro
Fahrwerk:	Doppelschleifenr., Telegabel, Federbeine
Reifen v./h. (mm):	3.25-19/4.00-18
Federweg v./h. (mm):	200/125
Bremsen v./h. (mm):	2 x Scheibe 260 / Trommel 200
Gewicht (kg):	220
Radstand (mm):	1465
Höchstgeschw. (km/h):	200

BMW R 100 RS

Die R 100 RS prägte das BMW-Modellangebot. Die RS, das Kürzel für »Rennsport«, sollte ein Sporttourer sein, flott genug für die Kurvenhatz, aber auch komfortabel für lange Reisen. Die RS blieb sieben Jahre, immer wieder modellgepflegt (1978 zum Beispiel mit hinterer Scheibenbremse, Gussräder) im Programm. Nach einigen Jahre Pause kam es sogar zu einer Neuauflage. Mit der Vollverkleidung setzte BMW Zeichen. Hinter der neuen BMW-Linie stand einmal mehr Hans A. Muth, der begnadete Designer, der sich dann bald darauf von BMW trennte und zum Mitbegründer der Firma Target Design wurde und unter anderem für Suzuki die Katana-Linie kreierte. Seltsam anachronistisch wirkten an der RS die Drahtspeichenräder wie auch die hintere Trommelbremse. In diesem Jahrzehnt aber mussten sich BMW-Fans damit abfinden.

Modell:	BMW R 100 RS
Baujahr:	1976
Motor:	2-Zyl., 4-Takt, Boxer, ohv
Hubraum (ccm):	980
Bohrung x Hub (mm):	94 x 70,6
Max. Leistung (kW/min):	51/7250
Max. Drehm. (Nm/min):	76/5500
Gemischaufbereitung:	Vergaser
Kraftübertragung:	5-Gang, Kardan
Starter:	Elektro
Fahrwerk:	Doppelschleifenr., Telegabel, Federbeine
Reifen v./h. (mm):	3.25-19/4.00-18
Federweg v./h. (mm):	200/125
Bremsen v./h. (mm):	2 x Scheibe 260 / Trommel 200
Gewicht (kg):	230
Radstand (mm):	1465
Höchstgeschw. (km/h):	200

BMW R 100 RT

Die RS kam sehr gut an – was lag also näher, auf dieser Basis einen »Fulldresser« made in Germany auf die Räder zu stellen, als Konkurrenz zu Gold Wing und Harley-Davidson? Die Kundschaft wusste schon längst, wie sie ihre Maschine noch tourentauglicher machen konnte, die Zubehörindustrie hatte alles Nötige. BMW lieferte 1978 mit der RT allerdings schon ab Werk ein vollverkleidetes Motorrad mit dem notwendigen Zubehör: Koffer, Nivomat-Federung, kurzum: all die Kleinigkeiten, die das Leben auf Rädern bequemer machen. Die Technik entsprach ansonsten der der R 100 RS. Die R 100 RT blieb bis 1984 im Programm.

Modell:	BMW R 100 RT
Baujahr:	1978
Motor:	2-Zyl., 4-Takt, Boxer, ohv
Hubraum (ccm):	980
Bohrung x Hub (mm):	94 x 70,6
Max. Leistung (kW/min):	51/7250
Max. Drehm. (Nm/min):	76/5500
Gemischaufbereitung:	Vergaser
Kraftübertragung:	5-Gang, Kardan
Starter:	Elektro
Fahrwerk:	Doppelschleifenr., Telegabel, Federbeine
Reifen v./h. (mm):	3.25-19/4.00-18
Federweg v./h. (mm):	200/125
Bremsen v./h. (mm):	2 x Scheibe 260 / Scheibe 260
Gewicht (kg):	234
Radstand (mm):	1465
Höchstgeschw. (km/h):	185

BMW R 45

Modell:	BMW R 45
Baujahr:	1978
Motor:	2-Zyl., 4-Takt, Boxer, ohv
Hubraum (ccm):	473
Bohrung x Hub (mm):	70 x 61,5
Max. Leistung (kW/min):	20/6500
Max. Drehm. (Nm/min):	31/5000
Gemischaufbereitung:	Vergaser
Kraftübertragung:	5-Gang, Kardan
Starter:	Elektro
Fahrwerk:	Doppelschleifenr., Telegabel, Federbeine
Reifen v./h. (mm):	3.25-18/4.00-18
Federweg v./h. (mm):	175/110
Bremsen v./h. (mm):	Scheibe 260 / Trommel 200
Gewicht (kg):	205
Radstand (mm):	1390
Höchstgeschw. (km/h):	145

Ende der 70er versuchte BMW in der starken 27-PS-Klasse Fuß zu fassen und bot ein Einsteigermodell nach Art des Hauses an: ein vollwertiges Motorrad mit Boxermotor, das auf den ersten Blick kaum von den stärkeren Schwestermodellen zu unterscheiden war. Der 27-PS-Versuch ging aber gründlich daneben. Der Kardan-Tourer war teuer, schwer und mit einer Spitze von 140 km/h nicht geade flott. Außerdem war diese BMW für ihre harte, knochige Schaltung berüchtigt. Und die VDO-Instrumente waren nicht nur ziemlich ungenau, sondern auch nicht ganz regendicht. Beides beschränkte sich natürlich nicht auf diesen Typ, sondern war Kennzeichen der gesamten Boxer-Baureihen.

Zusammen mit der R 45 wurde auf der IFMA 1978 noch eine 650er vorgestellt. Optisch mit der kleineren Schwester identisch, hatte sie deutlich mehr Leistung und wurde oft mit der aufpreispflichtigen vorderen Doppelscheibenbremse ausgeliefert. In Deutschland war sie weniger populär. In den Achtzigern stieg die Leistung von 45 auf 50 PS.

Bultaco Streaker 125

Modell:	Bultaco Streaker 125
Baujahr:	1978
Motor:	1-Zyl., 2-Takt
Hubraum (ccm):	119
Bohrung x Hub (mm):	54 x 52
Max. Leistung (kW/min):	7,5/9000
Max. Drehm. (Nm/min):	13/7000
Gemischaufbereitung:	Vergaser
Kraftübertragung:	6-Gang, Kette
Starter:	Kick
Fahrwerk:	Rohrrahmen, Telegabel, Federbeine
Reifen v./h. (mm):	2.50-18/2.75-18
Federweg v./h. (mm):	120/90
Bremsen v./h. (mm):	Scheibe 220 / Scheibe 220
Gewicht (kg):	94
Radstand (mm):	1290
Höchstgeschw. (km/h):	116

Der Mann hinter Bultaco, Francisco Bulto, kam von Montesa und hatte 1958 seine eigene Firma gegründet. Das Unternehmen in der Nähe von Barcelona baute in den folgenden zehn Jahren Zweitaktrenner in Kleinserie. Und diese waren schnell genug, um sich auch im GP-Sport zu behaupten. In Deutschland gehörte das Unternehmen, das lange ausschließlich Wettbewerbsmaschinen anbot, stets zu den Außenseitern.
Außenseiter blieb auch die leichte 125er namens Streaker, die Bultaco 1978 in Deutschland an den Mann zu bringen versuchte. Die zierliche, nur 94 Kilogramm schwere Spanierin (der Motor ging bei Prüfstandsversuchen drei Mal fest) kostete 3550 Mark und landete beim großen 10-PS-Vergleichstest anno 1978 (den die Yamaha RS 100 gewann) ganz weit hinten.

Ducati 750 SS

Auf dem Mailänder Salon 1970 zeigte Ducati eines jener Motorräder, das wie kaum ein anderes zum Inbegriff des italienischen Sportmotorrads jenes Jahrzehnts werden sollte: eine 90-Grad-V-Zweizylinder mit vorderem, nahezu liegenden längs in Fahrtrichtung liegendem und hinterem, nahezu senkrecht nach oben ragendem Zylinder. Der Ventiltrieb erfolgte per Königswelle und Kegelräder. Der Hubraum lag bei 748 Kubik, die Leistung bei 60 PS und 7700/min. Verpackt in einen Doppelschleifenrahmen der stabilsten Sorte, kam diese GT 750 aber erst 1972 nach Deutschland, zuzulassen per Einzelabnahme. Zu dem Zeitpunkt hatte Ducati bereits eine Sportvariante geschaffen, mit Stummellenker, Solositzbank, zurückgesetzten Fußrasten und 32er Dellortos. Die Motorleistung lag nun bei rund 66 PS. Eine Desmodromik hatten aber nach wie vor nur die für den Rennsport bestimmten Modelle.

Modell:	Ducati 750 SS
Baujahr:	1974
Motor:	V2-Zyl, 4-Takt, ohv, 2V
Hubraum (ccm):	748
Bohrung x Hub (mm):	80 x 74,4
Max. Leistung (kW/min):	54/8000
Max. Drehm. (Nm/min):	73/5500
Gemischaufbereitung:	Vergaser
Kraftübertragung:	5-Gang, Kette
Starter:	Kick
Fahrwerk:	Doppelrohr, Motor mittragend, Telegabel, Federbeine
Reifen v./h. (mm):	3.50-18/4.00-18
Federweg v./h. (mm):	120/65
Bremsen v./h. (mm):	2 x Scheibe 285 / Scheibe 230
Gewicht (kg):	204
Radstand (mm):	1510
Höchstgeschw. (km/h):	217

12 Exemplare der 1974er SS gelangten nach Deutschland.

Ducati 860 GT/GTS

Modell:	Ducati 860 GTS
Baujahr:	1976
Motor:	V2-Zyl, 4-Takt, ohv, 2V
Hubraum (ccm):	864
Bohrung x Hub (mm):	86 x 74,4
Max. Leistung (kW/min):	48/7000
Max. Drehm. (Nm/min):	76/5500
Gemischaufbereitung:	Vergaser
Kraftübertragung:	5-Gang, Kette
Starter:	Kick/Elektro
Fahrwerk:	Doppelrohr, Motor mittragend, Telegabel, Federbeine
Reifen v./h. (mm):	3.50-18/4.00-18
Federweg v./h. (mm):	120/65
Bremsen v./h. (mm):	2 x Scheibe 280 / Trommel 200
Gewicht (kg):	230
Radstand (mm):	1550
Höchstgeschw. (km/h):	180

Zu den wichtigsten Neuerungen bei Ducati in diesem Jahrzehnt gehört der Übergang von den bisherigen runden zu den eckigen Motorgehäusedeckeln bei den Modellen mit Königswelle. Deren Modellpalette erweiterte sich um die 860 GT, die Guigiaro entworfen hatte. Der Versuch, eine sportliche Alternative für die Tourenfahrer zu bieten, litt aber unter dem plumpen Design. Auch der Tourensportler 860 GTS auf Basis der 860 GT stand sich bei den Händlern die Reifen platt – trotz serienmäßigem Kettenkasten und Elektrostarter, beides vom deutschen Importeur nachgerüstet. Seine Leistung betrug 65 PS bei 7000 Touren. Den laufruhigen 90-Grad-Twin bot Importeur Röth für 7900 Mark an, dazu kamen noch 220 Mark Auslieferungspauschale.

Ducati 900 SS

Nachdem die 860er nicht lief, entschloss man sich 1975 zum Bau einer 900 SuperSport nach Vorbild der in limitierter Stückzahl gefertigten 750er Imola Replica. Zuerst wieder in Kleinserie in der Rennabteilung mit dem 864er-Desmo-Motor gebaut, schwoll die Nachfrage nach dem pfeilschnellen Motorrad derart an, dass die 900 SuperSport in die normale Serienproduktion überführt wurde. Dennoch ergaben sich lange Lieferzeiten, da in der Fabrik in Borgo Panigale auch noch Dieselmotoren gefertigt wurden. Die 68 PS starke 900 SS schaffte eine Spitze von über 200 km/h und wurde eine Zeitlang parallel zur 750er angeboten. Zu den wichtigsten Stationen der Modellpflege gehörten die zum Ende des Jahrzehnt serienmäßigen Leichtmetallräder sowie die Doppelsitzbank.

Modell:	Ducati 900 SS
Baujahr:	1976
Motor:	V2-Zyl, 4-Takt, ohv, 2V
Hubraum (ccm):	864
Bohrung x Hub (mm):	86 x 74,4
Max. Leistung (kW/min):	50/7000
Max. Drehm. (Nm/min):	76,4/6000
Gemischaufbereitung:	Vergaser
Kraftübertragung:	5-Gang, Kette
Starter:	Kick
Fahrwerk:	Doppelrohr, Motor mittragend, Telegabel, Federbeine
Reifen v./h. (mm):	3.50-18/4.25-18
Federweg v./h. (mm):	120/65
Bremsen v./h. (mm):	2 x Scheibe 280 / Scheibe 229
Gewicht (kg):	225
Radstand (mm):	1500
Höchstgeschw. (km/h):	203

Ducati 500 Sport Desmo

Auf dem Mailänder Salon 1975 wurden die von Ingenieur Tumidei entwickelten Modelle GTL 350 und GTL 500 mit Parallel-Twin vorgestellt, verärgern jedoch durch ihre mangelhafte Qualität ihre Käufer. Während die 24 PS starke 350er praktisch nur in Italien lief, ging die baugleiche 500er in den Export. Mit 42 PS bei 8000 Umdrehungen waren sie allerdings keine echte Konkurrenz für die Japaner, zumal die geforderten 5990 Mark (Stand 1977) kein Pappenstiel waren. Etwas besser in Szene setzten sich die Sport Desmos von 1978, die Ausführungen mit Desmodromik. Die Motorleistung war leicht gestiegen, auf 27 beziehungsweise 46 PS; die 500er sollte immerhin 180 km/h laufen.

Modell:	Ducati 500 Sport Desmo
Baujahr:	1977
Motor:	2-Zyl, 4-Takt, ohv, 2 V
Hubraum (ccm):	497
Bohrung x Hub (mm):	78 x 52
Max. Leistung (kW/min):	32/8000
Max. Drehm. (Nm/min):	41,2/6500
Gemischaufbereitung:	Vergaser
Kraftübertragung:	5-Gang, Kette
Starter:	Elektro
Fahrwerk:	Doppelrohr, Motor mittragend, Telegabel, Federbeine
Reifen v./h. (mm):	3.25-18/3.50-18
Federweg v./h. (mm):	125/85
Bremsen v./h. (mm):	2 x Scheibe 260 / Scheibe 260
Gewicht (kg):	186
Radstand (mm):	1430
Höchstgeschw. (km/h):	180

Ducati 900 SD

Die 1976 vorgestellte Tourenvariante der SS hieß 900 SD (»Sport Desmo«) Darmah und wurde 1977 ausgeliefert. Dieses Tourenmotorrad war viel gefälliger gestylt als die 860er, ihren Namen lieh sie sich vom Tiger aus dem Dschungelbuch. Diese tourentaugliche Version der 900 SuperSport fand jedoch nicht bei allen Ducatisti großen Anklang, wurde aber dennoch bis 1982 produziert. Die ersten SD hatten noch die zerbrechlichen Fünfspeichenräder. Der deutsche Importeur bot 1979 die SD mit anderen Vergasern an, die zwei PS mehr brachten. Die 70-PS-Darmah kostete 9230 Mark, hatte dann aber einen Elektrostarter.

Modell:	Ducati 900 SD
Baujahr:	1979
Motor:	V2-Zyl, 4-Takt, ohv, 2V
Hubraum (ccm):	864
Bohrung x Hub (mm):	86 x 74,4
Max. Leistung (kW/min):	51/7000
Max. Drehm. (Nm/min):	74/6000
Gemischaufbereitung:	Vergaser
Kraftübertragung:	5-Gang, Kette
Starter:	Kick
Fahrwerk:	Doppelrohr, Motor mittragend, Telegabel, Federbeine
Reifen v./h. (mm):	3.50-18/4.25-18
Federweg v./h. (mm):	120/80
Bremsen v./h. (mm):	2 x Scheibe 280 / Scheibe 280
Gewicht (kg):	240
Radstand (mm):	1540
Höchstgeschw. (km/h):	200

Ducati 900 Mike-Hailwood-Replica

Modell:	Ducati 900 SS Hailwood Replica
Bauzeit:	1979
Motor:	V2-Zyl., 4-Takt, ohc
Hubraum (ccm):	864
Bohrung x Hub (mm):	86 x 74,4
Max. Leistung kW/1/min:	50/7000
Max. Drehm. Nm/1/min:	79/5200
Gemischaufbereitung:	Vergaser
Kraftübertragung:	5-Gang, Kette
Starter:	Kick
Fahrwerk:	Doppelrohr, Motor mittragend, Telegabel, Federbeine
Reifen v./h. (mm):	3.50-18/120/90-18
Federweg v./h. (mm):	120/65
Bremsen v./h. (mm):	2 x Scheibe 280 / Scheibe 229
Gewicht (kg):	202
Radstand (mm):	1500
Höchstgeschw. (km/h):	220

Mike »the Bike« Hailwood feierte 1978 ein sensationelles Comeback auf zwei Rädern. Mit einer voll verkleideten und grün-weiß-rot lackierten 900 SuperSport siegte er auf der Isle of Man und verwies nur eine Woche später im Mallory Park die japanische Konkurrenz erneut in die Schranken. Kein Wunder also, dass Hailwood im gleichen Jahr auch TT-Weltmeister wurde. Den Sieg in der TT-Formel-1-Klasse feierte Ducati zum Saisonstart 1979 dann mit einer 900 SS im Trimm der Siegermaschine. Die legendäre »Hailwood-Replica« blieb bis 1986 in Produktion, zuletzt mit 1000 Kubik. Ihr Kennzeichen war die auffällige grün-weiß-rote Lackierung des englischen Sport-Motorcycle-Teams von Hailwood.

Ducati Pantah 500

Die Pantah war bereits 1977 auf dem Mailänder Salon vorgestellt worden und markierte Ducatis Einstieg in die Mittelklasse mit dem V-Motor. Bei der Pantah – die es zunächst mit 500, dann 600 und Mitte der 80er sogar mit 750 Kubik gab – erfolgte der Nockenwellenantrieb nicht mehr über Welle und Zahnräder, sondern über einen Zahnriemen. Die ersten Pantah des Jahres 1979 waren in Rot-Silber lackiert und trugen noch eine bauchige Halbschale, bei den nach 1981 verkauften Maschinen mit der silberblauen Lackierung zierte deren unterer Rand eine Spoilerlippe. Die Duc leistete 49 PS bei 8.500 Umdrehungen und brachte trocken lediglich 183 Kilogramm auf die Waage.

Modell:	Ducati 500 Pantah
Baujahr:	1979
Motor:	V2-Zyl, 4-Takt, ohv, 2V
Hubraum (ccm):	499
Bohrung x Hub (mm):	74 x 58
Max. Leistung (kW/min):	37/8500
Max. Drehm. (Nm/min):	40/6300
Gemischaufbereitung:	Vergaser
Kraftübertragung:	5-Gang, Kette
Starter:	Elektro
Fahrwerk:	Doppelrohr, Motor mittragend, Telegabel, Federbeine
Reifen v./h. (mm):	3.25-18/3.50-18
Federweg v./h. (mm):	130/94
Bremsen v./h. (mm):	2 x Scheibe 260 / Scheibe 280
Gewicht (kg):	202
Radstand (mm):	1450
Höchstgeschw. (km/h):	185

Harley-Davidson FLH 1200

Die wohl berühmteste Motorradmarke der Welt hatte in den 1970er Jahren einen schweren Stand. Die Traditionsmarke aus Milwaukee, 1903 in einem elenden Schuppen erstmals in Erscheinung getreten, war im Besitz des Gemischtwarenkonzerns AMF und gehörte in Deutschland zu den Raritäten. Seit Juni 1971 gab es einen festen Importeur, der bis Mitte der 1970er dann sechs Vertragshändler belieferte. Die setzten im Jahr zusammen zwischen 50 und 100 Harleys ab. Flaggschiff der Modellpalette war die 1965 erstmals präsentierte FLH 1200 Electra Glide. Das Barockmöbel mit 1200er Stoßstangenmotor und serienmäßiger Alarmanlage kostete über 15 000 Mark, wer sie beim Händler auf Pump kaufte, kam über die Laufzeit fast auf 10 000 Mark mehr ...
Es ging aber auch günstiger: Die kleineren Hubraumklassen deckte Harley-Davidson über Aermacchi-Modelle ab.

Modell:	Harley-Davidson FLH 1200 E-Glide
Baujahr:	1973
Motor:	V2-Zyl., 4-Takt, ohv, 2V
Hubraum (ccm):	1207
Bohrung x Hub (mm):	87,3 x 100,8
Max. Leistung (kW/min):	43/5200
Max. Drehm. (Nm/min):	96,7/4000
Gemischaufbereitung:	Vergaser
Kraftübertragung:	4-Gang, Kette
Starter:	Elektro
Fahrwerk:	Doppelschleifenr., Telegabel, Federbeine
Reifen v./h. (mm):	5.10-16/5.10-16
Federweg v./h. (mm):	
Bremsen v./h. (mm):	Scheibe 254 / Scheibe 254
Gewicht (kg):	345
Radstand (mm):	1524
Höchstgeschw. (km/h):	135

Harley-Davidson XLH 1000

Modell:	Harley-Davidson XLH 1000
Baujahr:	1976
Motor:	V2-Zyl., 4-Takt, ohv, 2V
Hubraum (ccm):	997
Bohrung x Hub (mm):	81 x 97
Max. Leistung (kW/min):	42/6000
Max. Drehm. (Nm/min):	72/5000
Gemischaufbereitung:	Vergaser
Kraftübertragung:	4-Gang, Kette
Starter:	Elektro
Fahrwerk:	Doppelschleifenr., Telegabel, Federbeine
Reifen v./h. (mm):	3.75-19/4.25-18
Federweg v./h. (mm):	
Bremsen v./h. (mm):	Scheibe 292 / Trommel 203
Gewicht (kg):	238
Radstand (mm):	1486
Höchstgeschw. (km/h):	165

Die 1957 gezeigte Sportster-Modellreihe erhielt nach über einem Jahrzehnt Modell- und Motorkonstanz Ende 1972 den auf rund 1000 cm³ vergrößerten Shovelhead-Motor. Dieser leistete zwar nominell geringfügig weniger als seine flinkere Vorgängerin, doch lieferte dafür Drehmoment satt. Gleichzeitig senkte HD die Preise der deutschen Modelle und verwendete einen neuen Vergaser des Herstellers Bendix-Zenith. Alle Modelle wiesen jetzt einheitliche Reifenkombinationen auf: 19 Zoll vorn und 18 Zoll hinten. Trotz des vergrößerten Hubraums war die Endgeschwindigkeit gesunken; dafür warteten die Sportster-Modelle, wie die X-Modelle genannt wurden, ab 1973 mit einer vorderen ungelochten Bremsscheibe auf. Für das Modelljahr 1978 bekamen die Sportys eine vordere Doppelscheiben-Bremsanlage sowie eine neue elektronische Zündung. Auch der Rahmen war modifiziert worden.

Harley-Davidson XLCR 1000

Modell:	Harley-Davidson XLCR 1000
Baujahr:	1977
Motor:	V2-Zyl., 4-Takt, ohv, 2V
Hubraum (ccm):	997
Bohrung x Hub (mm):	81 x 97
Max. Leistung (kW/min):	42/6000
Max. Drehm. (Nm/min):	58/5000
Gemischaufbereitung:	Vergaser
Kraftübertragung:	4-Gang, Kette
Starter:	Elektro
Fahrwerk:	Doppelschleifenr., Telegabel, Federbeine
Reifen v./h. (mm):	3.75-19/4.25-18
Federweg v./h. (mm):	160/60
Bremsen v./h. (mm):	2 x Scheibe 254 / Scheibe 292
Gewicht (kg):	235
Radstand (mm):	1486
Höchstgeschw. (km/h):	175

Nur zwei Modelljahre im Angebot stand die »Café Racer« mit dem Kürzel XLCR. Diese Maschine, 1976 auf der IFMA vorgestellt und ab Spätsommer 1977 in Deutschland lieferbar, trat mit neuer Optik (»Eine Art Oma im Minikleid«, spotteten die Tester), einem neuen Rahmen (sein Kennzeichen: die verstärkte Heckpartie) und modifizierter Bremsanlage auf. Vorn gab es erstmals (parallel zur ebenfalls neuen FXS) sogar eine Doppelscheibenbremse, die zwar hohe Handkräfte erforderte, aber immerhin spürbar die Fuhre verlangsamte. Die Einzelsitzbank war Serie, einen Soziussitz gab es auf Wunsch. Die Motorleistung lag bei den Sportster-üblichen 57 DIN-PS, die »Café Racer« war nicht schneller als die anderen Sportster-Versionen, musste aber per Einzelabnahme durch den TÜV gebracht werden. 11.855 Mark wollte der deutsche AMF-Importeur in Groß-Gerau für die schwarze Schönheit haben. Insgesamt kam die XLCR auf eine Produktion von 3.133 Exemplaren in zwei Jahren.

Harley-Davidson FXS 1200 Low Rider

Der Wechsel von der einen zur anderen Modellreihe erfolgt bei Harley-Davidson meist fließend, so auch im Falle der FXS. Mit 1200er-Motor seit 1977 angeboten, erschien 1980 eine nahezu identische Low Rider, diesmal aber mit dem größeren 1340er-Motor. Beide Low Rider wurden zunächst parallel vermarktet, 1981 gab es nur noch die große FXS. Die FXWG »Wide Glide«, ebenfalls Ende 1979 egzeigt, besaß eine besonders breite Gabelkonstruktion, was die FX (die die Basis bildete) noch wuchtiger erscheinen ließ. Immer noch mit einem Kickstarter versehen, entsprach dieses Modell den Vorstellungen vieler Kunden von einem echten Motorrad. Auch die neue Kombination von einem 21-Zoll-Vorderrad mit dem großen 16-Zoll-Hinterrad trug mit dazu bei. Alle FX-Modelle hatten bis einschließlich 1983 die doppelte vordere Scheibenbremsanlage.

Modell:	Harley-Davidson FXS 1200 Super Glide Low Rider
Baujahr:	1978
Motor:	V2-Zyl., 4-Takt, ohv, 2V
Hubraum (ccm):	1207
Bohrung x Hub (mm):	87,3 x 100,8
Max. Leistung (kW/min):	43/5150
Max. Drehm. (Nm/min):	88/3500
Gemischaufbereitung:	Vergaser
Kraftübertragung:	4-Gang, Kette
Starter:	Kick
Fahrwerk:	Doppelschleifenr., Telegabel, Federbeine
Reifen v./h. (mm):	3.75-19/5.10-16
Federweg v./h. (mm):	k.A.
Bremsen v./h. (mm):	2 x Scheibe 254 / Scheibe 292
Gewicht (kg):	275
Radstand (mm):	1613
Höchstgeschw. (km/h):	156

Hercules K 125

Die Hercules K 125 ging zurück auf eine Entwicklung aus dem Jahre 1968, die Fichtel & Sachs als DKW RT 125 in den Handel brachte. Das entsprechende Parallelmodell von Hercules stand dann 1970 als K 125 X im Lieferprogramm. Für Vortrieb sorgte – natürlich – ein Einzylinder-Zweitakter mit spitzer Leistungscharakteristik. Unterhalb von 4000 Umdrehungen ging gar nichts, ab 5000 Umdrehungen war Vortrieb spürbar, und dann ging die Post ab: Die Leistung von 17 PS lag bei 7500 Umdrehungen an. Damit war die 108 kg leichte Maschine immerhin 120 km/h schnell. 1973 wurde mit der K 125 T die Telegabel eingeführt, ebenso das Sechsgang-Getriebe. 1975 mutierte sie zum S-Modell, erkenntlich an der Scheibenbremse im Vorderrad. Zwei Jahre darauf kamen dann ein modischer Heckbürzel und Gussräder im BMW-Stil dazu. Leider stellte man nie auf die andernorts längst übliche Getrenntschmierung um.

Modell:	Hercules K 125
Baujahr:	1972
Motor:	1-Zyl., 2-Takt
Hubraum (ccm):	122
Bohrung x Hub (mm):	54 x 54
Max. Leistung (kW/min):	12,5/7500
Max. Drehm. (Nm/min):	16,1/7100
Gemischaufbereitung:	Vergaser
Kraftübertragung:	6-Gang, Kette
Starter:	Kick
Fahrwerk:	Zentralrohrr., Telegabel, Federbeine
Reifen v./h. (mm):	2.75-17/3.00-17
Federweg v./h. (mm):	120/90
Bremsen v./h. (mm):	Scheibe 220 / Trommel 140
Gewicht (kg):	122
Radstand (mm):	1310
Höchstgeschw. (km/h):	117

Hercules W 2000

Modell:	Hercules Wankel W 2000
Baujahr:	1974
Motor:	Wankel
Hubraum (ccm):	294
Bohrung x Hub (mm):	-
Max. Leistung (kW/min):	20/6500
Max. Drehm. (Nm/min):	34/4700
Gemischaufbereitung:	Vergaser
Kraftübertragung:	6-Gang, Kette
Starter:	Kick
Fahrwerk:	Doppelschleifenr., Telegabel, Federbeine
Reifen v./h. (mm):	3.00-18/3.25-18
Federweg v./h. (mm):	115/80
Bremsen v./h. (mm):	Scheibe 300 / Trommel 180
Gewicht (kg):	176
Radstand (mm):	1460
Höchstgeschw. (km/h):	140

Großes Interesse, aber nur bescheidene Verkaufszahlen erlebte die W 2000. Das W stand hier für den von Fichtel & Sachs ursprünglich für Schneemobile gebauten Einscheiben-Kreiskolbenmotor mit einem Kammervolumen von 294 Kubik, die Hercules wurde von Fiskus und Versicherung als 250er eingestuft. Die Kraftübertragung erfolgte per Sechsgang-Getriebe. Typisch für eine Maschine von Fichtel & Sachs war das tolle Fahrwerk, weniger gut dagegen die Bremsen, die VDO-Armaturen und das knochige Ziehkeil-Schaltgetriebe. Hercules hatte die W 2000 erstmals auf der IFMA 1970 als Studie gezeigt und einen Kardan versprochen, sie zwei Jahre später mit Kette zum Hinterrad gezeigt, um sie dann zur IFMA 1974 in Serienausführung zu präsentieren. Das war zu spät, die Wankel-Euphorie war verflogen: »Wer etwas Epoche machendes erwartet hat, müssen wir enttäuschen. Diese Hercules ist ein ganz normales Motorrad, das durch ein sehr gutes Fahrwerk besticht« – so das Fazit der *Motorrad*-Tests. Außerdem sollte die 27 PS starke Hercules stolze 4680 Mark kosten, Ende des Jahrzehnts waren beinahe 5000 Mark fällig.

Honda CB 750

Modell:	CB 750 Four K1
Modelljahr:	1971
Motor:	4-Zyl., 4-Takt, 2V, ohc
Hubraum (ccm):	736
Bohrung x Hub (mm):	61 x 63
Max. Leistung (kW/min):	50/8000
Max. Drehm. (Nm/min):	61/7000
Kraftübertragung:	5-Gang, Kette
Starter:	Kick/Elektro
Fahrwerk:	Doppelschleifenr., Telegabel, Federbeine
Reifen (v./h.):	3.25-19/4.00-18
Federweg v./h. (mm):	143/85
Bremsen v./h. (mm):	Scheibe 260 / Trommel 180
Gewicht:	218 kg
Radstand (mm):	1455
Höchstgesch. (km/h):	175 km/h

Im Oktober 1968 begann die Neuzeit, zumindest soweit es die Motorradgeschichte betrifft: Die CB 750 setzte völlig neue Maßstäbe. Die erreichbaren Fahrleistungen, zusammen mit der guten Ausstattung wie Blinker und Elektrostarter, sorgte für Euphorie beim Publikum wie auch bei der Presse. Von den möglichen 200 km/h völlig überfordert zeigte sich dagegen das Fahrwerk. Die 750er in ihrer ersten Form, später als K0 bezeichnet, wurde 1971 durch die K1 mit desmodromischer Vergaserbetätigung ersetzte. Gleichzeitig verschwanden die klobigen Seitendeckel, sie wurden durch etwas zierlichere Exemplare ersetzt, die nahezu unverändert bis zur letzten CB 750 K von 1977 noch zu sehen waren. Der K1 folgten die Modelle von K2 (1972) bis zur K7, die Änderungen waren optisch nur gering (Ausnahme: die K7) und technisch fast zu vernachlässigen.

Honda CB 500 F

In den USA 1971 präsentiert, war die CB 500 der zweite Großserien-Vierzylinder des japanischen Herstellers. Mit der CB 750 hatte sie allerdings nur wenig zu tun, beim Motor handelte es sich um eine weitgehende Neukonstruktion. Ein nicht ganz so aufwändig versteifter Doppelschleifen-Rohrrahmen bildete das Rückgrat der 500 F. Deren Leergewicht lag um rund 30 Kilogramm unter dem der 750er, die Höchstgeschwindigkeit um etwa 20 km/h darunter. Schwachstellen der 48 PS-Maschine waren die hinteren Federbeine, das schlechte Licht sowie die unbefriedigende Erstbereifung. Größere Modellpflegemaßnahmen fanden nicht statt.

Modell:	CB 500 F
Baujahr:	1971
Motor:	4-Zyl., 4-Takt, luftgekühlt
Hubraum (ccm):	498
Bohrung x Hub (mm):	56 x 50,6
Max. Leistung (kW/min):	35/9000
Max. Drehm. (Nm/min):	41,2/7500
Gemischaufbereitung:	Vergaser
Kraftübertragung:	5-Gang, Kette
Starter:	Kick/Elektro
Fahrwerk:	Doppelschleifenr., Telegabel, Federbeine
Reifen (v/h):	3.25-19/3.50-18
Federweg v./h. (mm):	120/78,5
Bremsen v./h. (mm):	Scheibe 275 / Trommel 180
Gewicht (kg):	202
Radstand (mm):	1440
Höchstgeschw. (km/h):	167,5 km/h

Honda CB 250 G /360 G

Die CB 250 G wurde zusammen mit der CB 360 G erstmals Ende 1973 in den USA gezeigt. Die Ablösung der »K-disc« war zuverlässiger, hatte einen automatischen Steuerkettenspanner und ein Sechsganggetriebe. Erfreulich war die bessere Zugänglichkeit des Motors, der für Reparaturarbeiten nicht mehr ausgebaut werden musste. Die Motorleistung der 250er war von 30 auf 27 PS gesunken, darunter litten die Fahrleistungen der 170 kg schweren Honda, die im Test nicht mehr als 125 km/h schaffte. Kritik entzündete sich auch am Chassis: Der Verzicht auf die noch bei den Vorgängern üblichen Pressblech-Teile brachte Unruhe ins Fahrwerk. Die praktisch baugleiche 360er leistete 34 PS.

Modell:	CB 250 G
Baujahr:	1974
Motor:	2-Zyl, 4-Takt, 2V, ohc
Hubraum (ccm):	249
Bohrung X Hub (mm):	56 x 50,6)
Max. Leistung (kW/min):	20/9500
Max. Drehm. (Nm/min):	21,6/9000
Gemischaufbereitung:	Vergaser
Kraftübertragung:	6-Gang, Kette
Starter:	Kick/Elektro
Fahrwerk:	Zentralrohr, Telegabel, Federbeine
Reifen (v/h):	3.00-18/3.50-18
Federweg v./h. (mm):	115/78
Bremsen v./h. (mm):	Scheibe 214 / Trommel 160
Gewicht (kg):	170
Radstand (mm):	1345
Höchstgeschw. (km/h):	150

Honda XL 250

Modell:	XL 250
Baujahr:	1974
Motor:	1-Zyl., 4-Takt, 2V, ohc
Hubraum (ccm):	248
Bohrung X Hub (mm):	74 x 57,8
Max. Leistung (kW/min):	14,7/7500
Max. Drehm. (Nm/min):	19/6500
Gemischaufbereitung:	Vergaser
Kraftübertragung:	5-Gang, Kette
Starter:	Kick
Fahrwerk:	Zentralrohrr., Telegabel, Federbeine
Reifen v./h.:	2,75-21/4,00-18
Federweg v./h. (mm):	180/105
Bremsen v./h. (mm):	Trommel 120
Gewicht (kg):	132
Radstand (mm):	1400
Höchstgeschw. (km/h):	120

Die XL 250 erschien in Japan 1972, war mit einem Vierventil-Single mit 248 ccm Hubraum und 22 PS bei 8000/min ausgestattet und kam zur Saison 1974 auch nach Deutschland, ohne ein großer Erfolg zu sein. Ende 1975 wurde die XL dann erheblich überarbeitet, erkenntlich an der neuen Auspuffanlage, die nun rechtsseitig verlegt war. Die XL 250 K trug die Typenbezeichnung auf dem Seitendeckel und hatte ein direkt über dem Vorderreifen montiertes Schutzblech. Die letzten Exemplare wurden 1978 mit 17 PS parallel zur neuen XL 250 S verkauft. Diese bot dank der beiden Ausgleichswellen mehr Laufkultur. Das Fahrwerk hatte gegenüber dem Vormodell gewaltig zugelegt, was vor allem auf die Federwege und das gewaltige, 23-Zoll-Vorderrad zutraf. Nach leichten Design-Retuschen für das Modelljahr 1980, als bei allen S-Modellen die Kotflügel hochgelegt wurden, kam 1982 die XL in einer völlig überarbeiteten Neuauflage.

Honda CB 200

Die CB 200 stand auf der IFMA 1974 und basierte auf der in den USA höchst erfolgreichen 175er. Die Konstruktion unterschied sich von den kleineren Twins durch den mittig angeordneten Kettenschacht (CB 125: links), von den größeren durch den Hubzapfenversatz: Die CB 200 war mit 360 Grad (CB 250/350: 180 Grad) ein echter Paralleltwin englischer Schule. Ihre Domäne war der Stadtverkehr, ihre Schwäche die zu sehr auf den amerikanischen Geschmack zugeschnittene Optik und die sehr weiche Auslegung der fünffach verstellbaren Federbeine. An der Vorderhand verzögerte eine Scheibenbremse, die allerdings mechanisch, also per Bowdenzug betätigt werden musste. Dennoch erreichte die laut Werk 130 km/h schnelle Maschine ordentliche Verzögerungswerte und erfreute sich als Fahrschulmaschine großer Beliebtheit.

Modell:	CB 200
Baujahr:	1974
Motor:	2-Zyl., 4-Takt, 4V, ohc
Hubraum (ccm):	198
Bohrung x Hub (mm):	55,5 x 41
max. Leistung (kW/min):	12,5/9000
Max. Drehm. (Nm/min):	13,9/8000
Gemischaufbereitung:	Vergaser
Kraftübertragung:	5-Gang; Kette
Starter:	Elektro
Fahrwerk:	Zentralr. mit Rohrunterzug, Telegabel, Schwinge
Reifen v./h.:	2.75-18/3.00-18
Federweg v./h. (mm):	k. A.
Bremsen v./h. (mm):	Scheibe/Trommel
Gewicht (kg):	132
Radstand (mm):	1290
Höchstgeschw. (km/h):	123

Honda CB 400 F

Als Ablösung für die CB 350 präsentierte Honda auf der IFMA 1974 die CB 400 F. Im Design orientierte sie sich an den größeren Modellen, ihre technische Plattform bildete das Triebwerk der 350 F. Zu den wichtigsten Änderungen gegenüber dem Vormodell gehörte das Sechsganggetriebe. Die Höchstgeschwindigkeit betrug laut Werk 170 km/h, bei Tests wurden allerdings nicht mehr als 158 km/h gemessen. Die 400 F war erste Maschine mit einer serienmäßigen 4-in-1-Auspuffanlage; ihr Handicap waren die miserablen Bridgestone-Pneus und die Wegwerf-Dämpferbeine. Die 37 PS starke CB 400 F stand hierzulande nur zwei Jahre lang im Angebot, agierte aber in Japan und anderswo deutlich erfolgreicher.

Modell:	CB 400 F
Baujahr:	1975
Motor:	4-Zyl., 4-Takt, ohc, 2V
Hubraum (ccm):	405
Bohrung x Hub (mm):	51 x 50
Max. Leistung (kW/min):	27/8500
Max. Drehm. (Nm/min):	31,4/8000
Gemischaufbereitung:	Vergaser
Kraftübertragung:	6-Gang, Kette
Starter:	Kick/Elektro
Fahrwerk:	Einschleifen-Rohrr., Telegabel, Federbeine
Reifen (v/h):	3.00-18/3.50-18
Federweg v./h. (mm):	115/79
Bremsen v./h. (mm):	Scheibe 214 / Trommel 160
Gewicht (kg):	178
Radstand (mm):	1355
Höchstgeschw. (km/h):	158 km/h

Honda CB 500 T

Die Nachfolgerin der CB 450 erschien zur IFMA 1974. Die CB 500 T erinnerte ganz bewusst an die britischen Paralleltwins der fünfziger und sechziger Jahren, doch die Zeit war noch nicht reif für Retro-Bikes. Das Aggregat mit seinen Drehstab-Ventilfedern stammte aus der ersten Hälfte der Sechziger, was sich seit der CB 450 geändert hatte war lediglich der Hub. Auch das Chassis – Rohrrahmen, unter dem Motor gegabelt –, Vergaser, Elektrik, Räder und Bremsen entsprachen dem Vorgänger. Die 500er war mit 42 PS bei 8000/min um drei PS schwächer als das Vormodell, mit 210 kg aber deutlich schwerer als dieses.

Modell:	CB 500 T
Baujahr:	1974
Motor:	2-Zyl., 4-Takt, ohc, 2V
Hubraum (ccm):	444
Bohrung x Hub (mm):	70 x 64,8
Max. Leistung (kw/min):	31/8000
Max. Drehm. (Nm/min):	38/7000
Gemischaufbereitung:	Vergaser
Kraftübertragung:	5-Gang, Kette
Starter:	Kick/Elektro
Fahrwerk:	Zentralrohr, Telegabel, Federbeine
Reifen (v/h):	3.25-18/3.50-18
Federweg v./h. (mm):	121/75
Bremsen v./h. (mm):	Scheibe 200 / Trommel 180
Gewicht (kg):	210
Radstand (mm):	1410
Höchstgeschw. (km/h):	165

Honda GL 1000 Gold Wing

Modell:	GL 1000
Baujahr:	1974
Motor:	4-Zyl, 4-Takt, Boxer
Hubraum (ccm) ():	999,45
Bohrung X Hub (mm):	72 x 61,4
Max. Leistung (kW/min):	59,5/7500
Max. Drehm. (Nm/min):	80/6500
Gemischaufbereitung:	Vergaser
Kraftübertragung:	5-Gang, Kardan
Starter:	Kick/Elektro
Fahrwerk:	Doppelschleifenr., Telegabel, Federbeine
Räder/Reifen (v/h):	3,50 H-19/4,50 H-17
Federweg v./h. (mm):	120/87
Bremsen v./h. (mm):	2 x Scheibe 232 / Scheibe 250
Gewicht (kg):	267
Radstand (mm):	1540
Höchstgeschw. (km/h):	

Die erste Tausender aus Fernost debütierte zur IFMA 1974. Der kurzhubig ausgelegte Vierzylinder-Boxermotor verfügte über Flüssigkeitskühlung und Kardanantrieb, den Antrieb der obenliegenden Nockenwellen (ohc) übernahmen wartungs- und geräuscharme Zahnriemen. Die Goldwing brachte es, bei gefülltem 19-Liter-Tank, auf 295 kg. Leider war das Fahrwerk des flüsternden Riesen nicht so gut wie es der 82 PS starke Motor verdient hätte. Der K0 von 1975 folgte die K1 von 1976 mit neuer Sitzbank und Kegelrollenlager im Lenkkopf. Die K2 von 1977 hatte H4-Scheinwerfer und verbesserte Bremsen, pendelte aber immer noch, so dass sich Honda mit der K3 für die Saison 1978 zu einer tiefgreifenden Revision entschloss. Diese letzte, 78 PS starke GL 1000, galt als die beste. Die K4 war praktisch baugleich mit dieser. Auf dem Pariser Salon 1979 präsentierte Honda dann die Nachfolgerin GL 1100.

Honda CB 550 F/K

Modell:	CB 550 F
Baujahr:	1975
Motor:	4-Zyl., 4-Takt, ohc, 2V
Hubraum (ccm):	498
Bohrung x Hub (mm):	56 x 50,6
Max. Leistung (kW/min):	37/9000
Max. Drehm. (Nm/min):	44,1/7000
Kraftübertragung:	5-Gang
Starter:	Kick/Elektro
Fahrwerk:	Doppelschleifenr., Telegabel, Federbeine
Reifen (v/h):	3.29-19/3.50-18
Federweg v./h. (mm):	k.A.
Bremsen v./h. (mm):	Scheibe 275 / Trommel 180
Gewicht (kg):	206
Radstand (mm):	1440
Höchstgeschw. (km/h):	167,5

1975 als sportliche Alternative zur weiterhin angebotenen 500 Four vermarktet, war sie nur unwesentlich stärker als die alte F. Optik und Auspuff-Führung erinnerten an die 400 F, Tank und Instrumente stammten von der 750 F. Die neue 550er konnte alles noch ein wenig besser als die Halbliter-Maschine. So hatte man hier etwa deren Schwachstellen ausgemerzt und beispielsweise den Schaltmechanismus geändert. Die Four mutierte 1977 dann zur F2. Diese unterschied sich durch ein neues Tankdekor, dunkelblaue Instrumentenskalen anstelle der hellgrünen sowie den Verzicht auf die Faltenbälge an der Gabel vom Vormodell. Nachdem die 500 F aus dem Programm genommen hatte, rückte an ihre Stelle für 1977 die 550 K. Technisch identisch mit der F, unterschied sie sich in erster Linie optisch durch die klassische 4-in-4-Auspuffanlage vom Sportmodell.

Honda CB 750 F1/F2

Die CB 750 F1 von 1975 profitierte von Hondas Erfolgen bei der Langstrecken-EM. Der Motor wies einige Merkmale der Langstreckenmaschine auf, so etwa den Steuerkettenspanner. Die Vorderradbremse entsprach nahezu der bei den K-Modellen verwendeten Einkolben-Ausführung, war aber leicht modifiziert worden. Die Teleskopgabel verzichtete auf Gleitbuchsen, einige Schweißpunkte am Rahmen waren geändert worden und die (neue) Scheibenbremse hinten verlangte eine Gussplatte für den Bremszylinder. Optisch bestimmten die 4-in-1-Auspuffanlage, der lang gezogene 17-Liter-Tank und der Sitzbank-Bürzel die Optik der F1. Im Sommer 1977 erschien dann die CB 750 F2 mit 73 PS. Von außen war sie an den Com-Star-Rädern mit doppelten Scheibenbremsen vorn und dem schwarzen Motor zu erkennen.

Modell:	CB 750 Four F1
Baujahr:	1976
Motor:	4-Zyl., 4-Takt, , ohc, 2V
Hubraum (ccm):	736
Bohrung x Hub (mm):	61 x 63
Max. Leistung (kW/min):	54/9000
Max. Drehm. (Nm/min):	62,78/7500
Gemischaufbereitung:	Vergaser
Kraftübertragung:	5-Gang
Starter:	Kick/Elektro
Fahrwerk:	Doppelschleifenr., Telegabel, Federbeine
Reifen (v/h):	3.25-19/4.00-18
Federweg v./h. (mm):	140/85
Bremsen v./h. (mm):	Scheiben 280 / Scheibe 280
Gewicht (kg):	253
Radstand (mm):	1480
Höchstgeschw. (km/h):	178

Honda CX 500

Die »Güllepumpe« CX 500 gab ihr Debüt auf der IFMA 1976 und bot, neben der ungewöhnlichen Optik, einen feinen, flüssigkeitsgekühlten V-Motor mit vier Ventilen sowie einen Kardanantrieb. Verzögert wurde vorn über zwei Scheibenbremsen, hinten genügte eine Trommelbremse. Bei den ersten CX war ein unten offener Zentralrohrrahmen verwendet worden, der den Motor als mittragendes Element integrierte. Das 18-Zoll-Hinterrad stützte sich über eine konventionelle Schwinge und Stereo-Federbeine ab. Die Federbeine waren fünffach verstellbar und hatten einen Arbeitsweg von 85 mm, die Teleskopgabel vorn mit den 33er Standrohren bot 140 mm Federweg. Die CX 500 wurde zu einem der großen Bestseller der Siebziger Jahre. Im September 1979 erschien als zweite CX-Variante die chopperige CX 500 C, wobei das C für »Custom« stand.

Modell:	CX 500
Baujahr:	1977
Motor:	V2-Zyl., 4-Takt, , ohc, 4V
Hubraum (ccm):	497
Bohrung x Hub (mm):	78 x 52
Max. Leistung (kW/min):	37/9000
Max. Drehm. (Nm/min):	46/9000
Gemischaufbereitung:	Vergaser
Kraftübertragung:	5-Gang
Starter:	Elektro
Fahrwerk:	Zentralrohrr., Telegabel, Federbeine
Reifen (v/h):	3.25-19/3.75-18
Federweg v./h. (mm):	140/85
Bremsen v./h. (mm):	2 x Scheiben 240 / Trommel 160
Gewicht (kg):	221
Radstand (mm):	1465
Höchstgeschw. (km/h):	177

Honda CB 125 T

Die Ablösung der betagten 125er hieß CB 125 T, nahm den Euro-Look der Achtziger vorweg und stand ab Mitte 1977 im Schaufenster. Die Optik überzeugte, der neue, leicht überquadratisch ausgelegte Zweizylinder dagegen weniger: So etwas wie Vortrieb erzeugte er erst bei astronomisch hohen Drehzahlen, das nutzbare Drehzahlband war sehr schmal und hätte eigentlich eines Sechsganggetriebes bedurft. Ein ganz düsteres Kapitel war auch die Seilzug-betätigte vordere Scheibenbremse: Honda-Käufer durften Besseres erwarten. Die T wandelte sich 1979 zur T 2 und trug jetzt ComStar-Räder; 1980 schließlich bot Honda einen 10 PS-Drosselsatz an. Bis 1986 in Deutschland verkauft, fand sich der Motor später bei zahlreichen China-Modellen.

Modell:	CB 125 T2
Baujahr:	1978
Motor:	2-Zyl., 4-Takt, ohc, 4V
Hubraum (ccm):	124
Bohrung x Hub (mm):	44 x 41
max. Leistung (kW/min):	12,5/11 500
Max. Drehm. (Nm/min):	10/10 500
Gemischaufbereitung:	Vergaser
Kraftübertragung:	5-Gang, Kette
Starter:	Kick
Fahrwerk:	Zentralrohrr., Telegabel, Federbeine
Reifen v./h.:	2.75-18/3.00-18
Federweg v./h. (mm):	115/64
Bremsen v./h. (mm):	Scheibe 245 / Trommel 130
Trockengewicht (kg):	114
Radstand (mm):	1275
Höchstgeschw. (km/h):	125

Honda CB 250/400 T

Als Honda 1977 auf dem Pariser Salon seine neue Twin-Generation vorstellte, konzentrierte sich das Interesse vor allem auf die neue Technik, die Dreiventil-Zylinderköpfe, die beiden Ausgleichswellen und die wartungsfreie Transistor-Zündung. Ein Schwachpunkt war das vergleichsweise hohe Gewicht, mit vollem 14-Liter-Tank kamen sie auf stolze 185 Kilogramm. Die 250er wurde international mit 27 PS vermarktet. Die Fahrwerksauslegung geriet bei beiden sportlich straff und bot vergleichsweise wenig Komfort. Während die offene, 43 PS starke 400er von den Testern vielfach gelobt wurde, galt die ausschließlich in Deutschland lieferbare 27-PS-Drosselversion als lahme Ente, die kaum 130 km/h schaffte. 1979 gab es auch noch eine CB 400 T mit Zweigang-Automatik, die allerdings in Beschleunigung und Durchzug noch mehr zu wünschen übrig ließ.

Modell:	CB 250 T (CB 400 T)
Baujahr:	1978
Motor:	2-Zyl, 4-Takt, 3V, ohc
Hubraum (ccm):	245 (395)
Bohrung X Hub (mm):	62 x 41,4 (70,5 x 50,6)
Max. Leistung (kW/min):	12,5/8500 (20/7500)
Max. Drehm. (Nm/min):	16,2/6500 (27,5/6500)
Gemischaufbereitung:	Vergaser
Kraftübertragung:	5-Gang, Kette
Starter:	Kick/Elektro
Fahrwerk:	Zentralrohrr., Telegabel, Federbeine
Reifen (v/h):	3,60-18 (3,60 S19)/ 4,10-18 (4,10 S 18)
Federweg v./h. (mm):	140/90
Bremsen v./h. (mm):	Scheibe 280 / Trommel 140
Gewicht (kg):	185
Radstand (mm):	1390
Höchstgeschw. (km/h):	120 (145,2)

Honda CB 250/400 N

Die neue T-Generation war noch keine zehn Monate auf dem Markt, als schon die Nachfolger in den Startlöchern standen: Die CB-N-Modelle, die im Frühsommer 1978 präsentiert wurden. Richtig neu war allerdings nur das Design im Eurostyle-Look. Die Euro-Mode stand aber nicht nur für optischen, sondern auch für technischen Fortschritt wie sechs Gänge und ComStar-Räder. In der deutschen 17-PS-Version bot die 250 N (die 1980 auch mit 27 PS angeboten wurde) nur bescheidene Fahrleistungen. Die praktisch baugleiche 400 N (die hatte eine Doppelscheibe im Vorderrad) überzeugte da viel mehr und gehörte zu den Bestsellern der späten 70er.

Modell:	CB 250 N (400 N)
Baujahr:	1978
Motor	2-Zyl., 4-Takt, 3V, ohc
Hubraum (ccm):	249,8(394,8)
Bohrung X Hub (mm):	62 x 41,1 (70,5 x 50,6)
Max. Leistung (kW/min):	12,5/8500 (20/7500)
Max. Drehm. (Nm/min):	16,2/6500 (27,5/6500)
Gemischaufbereitung:	Vergaser
Kraftübertragung:	6-Gang, Kette
Starter:	Kick/Elektro
Fahrwerk:	Zentralrohrr., Telegabel, Federbeine
Reifen v.h.:	3,60 S18 (3,60 S19) / 4,10 S18
Federweg v./h. (mm):	139,5/96
Bremsen v./h. (mm):	Scheibe 280 (2 x Scheibe 254) / Trommel
Gewicht (kg):	185
Radstand (mm):	1395
Höchstgeschw. (km/h):	120(141)

Honda CM 185/200/400 T

Diese erste Soft-Chopper-Familie betrat zur Saison 1978 die europäische Bühne. In Frankreich mit 125 ccm angeboten, erschien in Deutschland diese praktisch baugleiche 185er. Im Chopper-Trimm brachte die CM 137 kg auf Die Waage, was für die Leistung – zehn oder 17 PS – eindeutig zu viel war. Für die Honda sprach, neben der Optik, das saubere Finish, der kultivierte Motor und das hohe Maß an Fahrkomfort. Ein Quäntchen mehr Hubraum machte aus der CM 185 T dann 1980 die CM 200 T. Abgesehen davon war der Zweizylinder praktisch baugleich mit dem Vormodell. Auffällige Unterschiede waren der runde Tacho mit separater Konsole anstelle des bisherigen Kombi-Instruments, die kürzeren Auspufftüten und der Wegfall des Sozius-Haltebügels. Die populärste CM war allerdings die 400er, die choppermäßig kostümierte CB 400 N mit 27 PS.

Modell:	CM 185 T
Baujahr:	1978
Motor:	2-Zyl., 4-Takt, ohc, 4V
Hubraum (ccm) ():	179
Bohrung x Hub (mm):	53 x 41
max. Leistung (kW/min):	7,4/7500
Max. Drehm. (Nm/min):	13/4000
Gemischaufbereitung:	Vergaser
Kraftübertragung:	4-Gang, Kette
Starter:	Kick/Elektro
Fahrwerk:	Zentralrohrr., Telegabel, Federbeine
Räder/Reifen v./h.:	3.00-17/3.50-16
Federweg v./h. (mm):	115/65
Bremsen v./h. (mm):	Trommel 140 / Trommel 130
Gewicht (kg):	124
Radstand (mm):	1280
Höchstgeschw. (km/h):	93

Honda XL 500 S

Mit der XL 500 S präsentierte Honda für 1979 einen modernen Vierventil-Single mit vibrationshemmender Ausgleichwelle, der offen 34 PS leistete. »Vibriert nur in bescheidenem Maße«, stellte ein Tester fest, und »überflügelt ihre Konkurrenten im mittleren und oberen Drehzahlbereich.« Damals ungewöhnlich: die Auspuffanlage mit zwei Krümmern, noch ungewöhnlicher allerdings das riesige 23-Zoll-Vorderrad. Zu ihren Schwachstellen gehörte die 6-Volt-Lichtanlage wie auch die Trommelbremsen. 1980 wurden diese vergrößert, doch die Bremsleistung blieb schlecht. Außerdem wurden, wie bei allen XL-Modellen, der vordere Kotflügel hochgelegt.

Modell:	XL 500 S
Baujahr:	1978
Motor:	1-Zyl., 4-Takt, ohc, 4V
Hubraum (ccm) :	498
Bohrung X Hub (mm):	89 x 80
Max. Leistung (kW/min):	20/5500
Max. Drehm. (Nm/min):	31/6250
Gemischaufbereitung:	Vergaser
Kraftübertragung:	5-Gang, Kette
Starter:	Kick
Fahrwerk:	Einrohrr., Telegabel, Federbeine
Reifen v./h.:	3,00-23/4,60-18
Federweg v./h. (mm):	204/178
Bremsen v./h. (mm):	Trommel 140 / 130 mm
Gewicht (kg):	136
Radstand (mm):	1390
Höchstgeschw. (km/h):	138

Honda CB 650 F

Die CB 650 erschien zur IFMA 1978 und basierte auf der CB 550 F2. In der Originalversion 63 PS stark, war sie auch mit 50 PS erhältlich. In Ausstattung, Fahrwerk und Optik erinnerte sie an die brandneue CB 750 KZ, enttäuschte aber in den Fahrleistungen: Eine Spitze von rund 170 km/h war für eine 650er zu wenig. Andererseits: Die volle PS-Leistung gab es sowie meist nur im Prospekt – was wohl ganz gut war, da das Fahrwerk mit Kunststoff-Schwingenlager hinten und Einfach-Kugellager am Lenkkopf nicht überzeugte. Dazu gesellte sich eine missglückte Vergaserabstimmung. Zumindest das änderte sich mit den neuen Gleichdruckvergasern, die ab August 1981 zum Einsatz kamen.

Modell:	CB 650 F
Baujahr:	1979
Motor:	4-Zyl., 4-Takt, ohc, 2V
Hubraum (ccm):	627
Bohrung x Hub (mm):	59,8 x 55,8
Max. Leistung (kW/min):	46/9000
Max. Drehm. (Nm/min):	53/8000
Gemischaufbereitung:	Vergaser
Kraftübertragung:	5-Gang, Kette
Starter:	Elektro
Fahrwerk:	Doppelschleifenr., Telegabel, Federbeine
Reifen (v/h):	3.25-19/3.75-18
Federweg v./h. (mm):	142/77
Bremsen v./h. (mm):	2 x Scheibe 240 / Trommel 180
Gewicht (kg):	220
Radstand (mm):	1430
Höchstgeschw. (km/h):	172

Honda CB 750 KZ

Die Nachfolgerin der legendären OHC-750er (die über eine Million Mal verkauft worden war) erschien zur IFMA 1978 und verfügte über einen neuen DOHC-Motor, der baugleich war mit dem der zeitgleich präsentierten CB 900, allerdings ohne Ölkühler. Die maximale Leistung von 77 PS erreichte der 16-Ventiler bei 9000/min. Maßstäbe setzte der Honda-Vierer in Sachen Laufruhe und Kraftentfaltung, auch das Fahrwerk überzeugte eher als bei der 900er. Allerdings war die neue KZ mit 255 kg recht schwer geraten, markierte aber dennoch einen riesigen Fortschritt in Sachen Handling gegenüber dem Vormodell. Für 1980 erschien dann die CB 750 F im Bol d'Or-Styling.

Modell:	CB 750 Four K (Z)
Baujahr:	1979
Motor:	4-Zyl., 4-Takt, dohc, 4V
Hubraum (ccm):	749
Bohrung x Hub (mm):	62 x 62
Max. Leistung (kW/min):	57/9000
Max. Drehm. (Nm/min):	65,7/7000
Gemischaufbereitung:	Vergaser
Kraftübertragung:	5-Gang, Kette
Starter:	Elektro
Fahrwerk:	Doppelschleifenr., Telegabel, Federbeine
Reifen (v/h):	3.25-19/4.00-18
Federweg v./h. (mm):	160/95
Bremsen v./h. (mm):	2 x Scheibe 275 / Trommel 190
Gewicht (kg):	255
Radstand (mm):	1520
Höchstgeschw. (km/h):	187

Honda CB 900 F

Zeit ihres Lebens war die ebenfalls auf der 1978er IFMA gezeigte CB 900 Bol d'Or ein Pflegefall – was nicht etwa den motorischen Qualitäten des Vierzylinder-Bigbikes anzulasten war, sondern dem Fahrwerk: Einmal mehr war der Motor schneller als das Chassis; Hondas neues Flaggschiff bot Kraft in allen Lebenslagen. Thermischen Problemen beugte ein Ölkühler vor. Weniger gelungen war der Doppelschleifen-Rohrrahmen mit abschraubbarem rechten Unterzug; keine Honda wurde wegen ihrer Fahrwerksschwäche so heftig kritisiert wie die knapp 220 km/h schnelle Maschine, die es als F2 auch in einer Variante mit ausladender Halbschale gab. Später folgte im Eurostyling auch eine 1100er.

Modell:	CB 900 F Bol d'Or
Baujahr:	1979
Motor:	4-Zyl., 4- Takt, dohc, 4V
Hubraum (ccm):	902
Bohrung x Hub (mm):	64,5 x 69,0
Max. Leistung (kW/min):	70/9000
Max. Drehm. (Nm/min):	77/8000
Gemischaufbereitung:	Vergaser
Kraftübertragung:	5-Gang, Kette
Starter:	Elektro
Fahrwerk:	Doppelschleifenr., Telegabel, Federbeine
Reifen (v/h):	3.25-19/4.00-18
Federweg v./h. (mm):	160/95
Bremsen v./h. (mm):	2 x Scheibe 276/ Scheibe 296
Gewicht (kg):	260
Radstand (mm):	1515
Höchstgeschw. (km/h):	210

Honda CBX

An die Grenzen des in der Großserie Machbaren tastete sich Honda mit der Sechszylinder-CBX heran, die 1978 ausgeliefert wurde. Ihre 105 PS markierten einen neuen Spitzenwert; rekordverdächtig war aber auch das Gewicht des neuen Boliden, der rund 280 kg wog und erstmals auf ComStar-Rädern, also Alufelgen mit Pressblech-Speichen, rollte. Das Chassis, eine unten offene Doppelrohrrahmen-Konstruktion, bei der der Motor mittrug, war der Urgewalt des 220 km/h schnellen Sechszylinders allerdings nicht gewachsen. Auch die Modellpflege 1980 änderte daran wenig, brachte aber immerhin schwarze ComStar-Räder.

Modell:	CBX 1000
Baujahr:	1978
Motor:	6-Zyl., 4-Takt, dohc, 4V
Hubraum (ccm):	1047
Bohrung x Hub (mm):	64,5 x 53,4
Max. Leistung (kW/min):	76/9000
Max. Drehm. (Nm/min):	84,4/8000
Gemischaufbereitung:	Vergaser
Kraftübertragung:	5-Gang, Kette
Starter:	Elektro
Fahrwerk:	Doppelschleifenr., Telegabel, Federbeine
Reifen (v/h):	3.50-19/4.25-18
Federweg v./h. (mm):	175/105
Bremsen v./h. (mm):	2 x Scheibe 272 / Scheibe 300
Gewicht (kg):	274
Radstand (mm):	1545
Höchstgeschw. (km/h):	214

Horex 1400 TI

Nachdem die Firma Henke die Rechte an der Münch 1200-4 übernommen hatte, erwarb Friedel Münch seinerseits die Rechte am Markennamen Horex und begann unter dieser Bezeichnung noch einmal von vorn. Als Antrieb dienten neu aufgebaute NSU TTS-Aggregate. Mit Übermaß-Kolben versehen (80 mm Bohrung), verfügte die auf der IFMA 1978 gezeigte Turbo-Horex über eine Leistung von rund 140 PS. Aufgrund der Selbstbeschränkung auf 100 PS wurde die Horex in der Form aber nicht gebaut. So hatte der Kunde in den späten Siebzigern die Wahl zwischen gleich zwei Mammuts: Der originalen, die auf Bestellung von Heinz W. Henke gebauten Münch und eben der von Friedel Münch in Nidderau/Hessen montierten Horex. Während Henke seine Münch aber wegen des 100-PS-Limits von der Benzineinspritzung auf Weber-Vergaser zurückrüstete (und damit die Motorleistung um vier auf 100 PS senkte), blieb die 1400er bei der Kraftstoffeinspritzung.

Modell:	Horex 1400 TI
Baujahr:	1978
Motor:	4-Zyl, 4-Takt, ohc, 2V
Hubraum (ccm):	1326
Bohrung x Hub (mm):	80 x 66,6
Max. Leistung (kW/min):	104/7200
Max. Drehm. (Nm/min):	145/5600
Gemischaufbereitung:	Einspritzung, Turbo
Kraftübertragung:	4-Gang, Kette
Starter:	Elektro
Fahrwerk:	Zentralrohrr., Telegabel, Federbeine
Reifen v./h. (mm):	120/90-18/130/80-18
Federweg v./h. (mm):	135/75
Bremsen v./h. (mm):	2 x Scheibe 280 / Scheibe 280
Gewicht (kg):	296
Radstand (mm):	1520
Höchstgeschw. (km/h):	200

Das hubraumstärksten Motorrad seiner Zeit (und mit über 35 000 Mark auch das teuerste) entstand in den Jahren zwischen 1978 und 1983 nur auf Bestellung.

Jawa 634

Die tschechische Jawa 634 war 1973 vorgestellt worden und wies all die Merkmale auf, die man von einem Motorrad dieses Herstellers auch erwartete: Eine Jawa war robust, günstig und nahezu unverwüstlich. Dazu kamen viele praktische Details, wie etwa die voll gekapselte Antriebskette. Der Zweitaktmotor hatte zwar seine Wurzeln in einem frühen Nachkriegsentwurf, war aber durch stetige Modellpflege auf der Höhe der Zeit gehalten worden, jetzt mit Nadellagern in Pleueln und Kurbelwelle. Der luftgekühlte Zweitakter ermöglichte mit seinen 19 PS eine Höchstgeschwindigkeit von rund 120 km/h. Im Laufe der Zeit erhöhte sich die Motorleistung dann auf 22 beziehungsweise 24 PS. Nachdem 1977 die Einstufung in die Versicherungsklassen nicht mehr nach Hubraum, sondern Leistung erfolgte, gehörte die Jawa in die 27-PS-Klasse, ohne dieses Leistungslimit ausschöpfen zu können. Da hatte die so bescheiden auftretende Tschechin mit ihrem stabilen Doppelschleifen-Fahrwerk keine Chancen.

Modell:	Jawa 350
Baujahr:	1973
Motor:	2-Zyl, 2-Takt
Hubraum (ccm):	343
Bohrung x Hub (mm):	58 x 65
Max. Leistung (kW/min):	17/5000
Max. Drehm. (Nm/min):	33,4/4750
Gemischaufbereitung:	Vergaser
Kraftübertragung:	4-Gang, Kette
Starter:	Kick
Fahrwerk:	Einrohrr., Telegabel, Federbeine
Reifen v./h. (mm):	3.25-18/3.50-18
Federweg v./h. (mm):	150/90
Bremsen v./h. (mm):	Trommel 160 / Trommel 160
Gewicht (kg):	168
Radstand (mm):	1390
Höchstgeschw. (km/h):	125

Kawasaki 500 H1 Mach III

Modell:	Kawasaki 500 H1 Mach III
Baujahr:	1969
Motor:	3-Zyl, 2-Takt
Hubraum (ccm):	498
Bohrung x Hub (mm):	60 x 58,3
Max. Leistung (kW/min):	44/7500
Max. Drehm. (Nm/min):	53/6500
Gemischaufbereitung:	Vergaser
Kraftübertragung:	5-Gang, Kette
Starter:	Kick
Fahrwerk:	Doppelschleifenr., Telegabel, Federbeine
Reifen v./h. (mm):	3.25-19/4.00-18
Federweg v./h. (mm):	140/70
Bremsen v./h. (mm):	Trommel/Trommel
Gewicht (kg):	182
Radstand (mm):	1400
Höchstgeschw. (km/h):	185

Kawasaki präsentierte 1968 mit der 500 H1 Mach III einen kaum zu bändigenden Feuerstuhl. Der auf Basis der Avenger entstandene Dreizylinder-Zweitakter entwickelte schier unglaubliche 60 PS bei 7500/min – genug für eine Spitzengeschwindigkeit von knapp 200 km/h. Topspeed auf der rund 180 kg schweren Kawasaki war allerdings nichts für schwache Nerven. Der Doppelrohrrahmen war der Urgewalt kaum gewachsen. Außerdem soff die 500er lästerlich, kein Wunder also, dass verschiedene Importeure die Möglichkeit boten, einen 24-Liter-Tank zu montieren. In Deutschland wurde die H1 von Importeur Detlev Louis angeboten; die Verkaufsbezeichnung Mach III entfiel zum Modelljahr 1970, nachdem Kawasaki einen verstärkten Rahmen einbaute. Bis 1973 wurde die 500er in zwei Ausführungen verkauft. Die Maschine blieb bis 1976 im Programm, zuletzt als KH 500 mit 50 PS und, seit 1972, Scheibenbremse im Vorderrad.

Kawasaki 250 S1/350 S2

Modell:	Kawasaki 350 S2
Baujahr:	1973
Motor:	3-Zyl, 2-Takt
Hubraum (ccm):	346
Bohrung x Hub (mm):	53 x 52,3
Max. Leistung (kW/min):	29/8000
Max. Drehm. (Nm/min):	39/7500
Gemischaufbereitung:	Vergaser
Kraftübertragung:	5-Gang, Kette
Starter:	Kick
Fahrwerk:	Doppelschleifenr., Telegabel, Federbeine
Reifen v./h. (mm):	3.00-18/3.50-18
Federweg v./h. (mm):	110/70
Bremsen v./h. (mm):	Trommel/Trommel (S2A: Scheibe vorn)
Gewicht (kg):	149
Radstand (mm):	1295
Höchstgeschw. (km/h):	170

Nach dem Misserfolg mit der BSA-Kopie W 1 lancierte Kawasaki für 1966 die drehschiebergesteuerte, 31 PS starke 250 A1 »Samurai«. Die seinerzeit stärkste Zweitakt-Zweihundertfünfziger wurde auf Anhieb zu einem Bestseller. Aus der Samurai wurde dann die Avenger (»Rächer«): Ein Jahr nach der A-1 Samurai erschien die nahezu baugleiche A-7 Avenger. Die 42 PS starke 350er wog nur vier Kilo mehr als die 250er.
Merkmale der ersten Avenger-Generation 1967/68 waren die in den Scheinwerfer integrierten Anzeigeninstrumente. Die späteren A7 hatten getrennte Instrumente. 1971 wurde aus der Samurai dann die 250 Mach I S1, aus der Avenger die 350 Mach II S2. Die kleinen Dreizylinder von 1971 waren praktisch nur an den Seitendeckeln voneinander zu unterscheiden. Die S2 leistete 45 PS bei 8000/min. 1974 wurde die kleine Dreizylinder optisch den größeren H1-Modellen angeglichen.

Kawasaki 750 H2 Mach IV

Die H2/Mach IV war Höhe- und Endpunkt der Dreizylinder-Entwicklung von Kawasaki. Die 750er von 1971 bot noch einmal deutlich mehr Schub als die Mach III, hatte einen Sound, der allen Bikern Freudentränen in die Augen trieb und stemmte Ehrfurcht gebietende 74 PS auf die sechsfach gelagerte Kurbelwelle. Mit einer Höchstgeschwindigkeit von über 200 km/h war sie das schnellste Serienmotorrad der frühen Siebziger.
Beim Fahrwerk handelte es sich um eine leicht modifizierte und im Radstand verlängerte Ausgabe des Doppelschleifen-Rohrrahmens der Mach III, der seiner Aufgabe kaum gewachsen war: Kawasaki und schlechte Fahrwerke, das waren in den frühen Siebzigern Synonyme, auch nachdem die H2 1974 serienmäßig mit einem hydraulischen Lenkungsdämpfer ausgerüstet wurde.

Modell:	Kawasaki 750 H2 Mach IV
Baujahr:	1972
Motor:	3-Zyl, 2-Takt
Hubraum (ccm):	748
Bohrung x Hub (mm):	64 x 62
Max. Leistung (kW/min):	52/6800
Max. Drehm. (Nm/min):	78/6500
Gemischaufbereitung:	Vergaser
Kraftübertragung:	5-Gang, Kette
Starter:	Kick
Fahrwerk:	Doppelschleifenr., Telegabel, Federbeine
Reifen v./h. (mm):	3.25-19/4.00-18
Federweg v./h. (mm):	140/80
Bremsen v./h. (mm):	Scheibe/Trommel
Gewicht (kg):	192
Radstand (mm):	1410
Höchstgeschw. (km/h):	205

Kawasaki Z 900

Modell:	Kawasaki Z 900
Baujahr:	1973
Motor:	4-Zyl., 4- Takt, dohc, 2V
Hubraum (ccm):	903
Bohrung x Hub (mm):	66 x 66
Max. Leistung (kW/min):	58/8500
Max. Drehm. (Nm/min):	73/7000
Gemischaufbereitung:	Vergaser
Kraftübertragung:	5-Gang, Kette
Starter:	Kick/Elektro
Fahrwerk:	Doppelschleifenr., Telegabel, Federbeine
Reifen (v/h):	3.25-19/4.00-18
Federweg v./h. (mm):	140/80
Bremsen v./h. (mm):	Scheibe 296 / Trommel 200
Gewicht (kg):	246
Radstand (mm):	1490
Höchstgeschw. (km/h):	212

Mit der Z 900, die zur IFMA 1972 für Furore sorgte, kam der kleinste Hersteller unter den Big Four ganz groß heraus. Seit 1967 hatten die Techniker in Akashi am Vierzylinder gearbeitet, die 900 Z1 begründete Kawasakis Ruf als Hersteller von sportlichen, leistungsstarken Vierzylindern – und schlechten Fahrwerken. Mehr denn je waren die Kawa-Motoren schneller als ihr Fahrwerk, was Kawasaki allerdings nicht daran hinderte, mit den Langstrecken-Erfolgen von Godier/Genoud zu werben. Was nicht im Prospekt stand: Weder Motor noch Fahrwerk der Endurance-Kawa waren serienmäßig. Zum Modelljahr 1976 wurde die Z 900 wesentlich überarbeitet – an 21 Punkten verbessert, wie der Prospekt erwähnte. Zum neuen Jahr kam dann, passend dazu, auch eine neue Verkaufsbezeichnung: Z 900. Die letzte Baureihe der Z 900, Kennung A4, hatte eine Doppelscheibenbremse im Vorderrad, im Jahr darauf erfolgte die Ablösung in Gestalt der Z 1000.

Kawasaki Z 400

Die KZ 400 war ein Parallel-Zweizylinder alter britischer Schule und sollte in erster Linie den erfolgreichen Honda-Twins CB 350/360 Konkurrenz machen. Die bullige 400er hatte in der ersten Ausführung, die zwischen 1974 und 1977 verkauft wurde, 36 beziehungsweise 27 PS und Fünfgang-Getriebe. Die darauf folgenden B-Modelle verfügten über sechs Fahrstufen sowie, ab 1979, über Gussräder. Zum Modelljahr 1978 wurde der Kawasaki-Twin erheblich überarbeitet und lief unter der Bezeichnung Z 400 G.

Modell:	Kawasaki Z 400
Baujahr:	1974
Motor:	2-Zyl., 4- Takt, ohc, 2V
Hubraum (ccm):	398
Bohrung x Hub (mm):	64 x 62
Max. Leistung (kW/min):	20/9000
Max. Drehm. (Nm/min):	31/7500
Gemischaufbereitung:	Vergaser
Kraftübertragung:	5-Gang, Kette
Starter:	Kick/Elektro
Fahrwerk:	Doppelschleifenr., Telegabel, Federbeine
Reifen (v/h):	3.25-18/3.50-18
Federweg v./h. (mm):	110/75
Bremsen v./h. (mm):	Scheibe 280 / Trommel 180
Gewicht (kg):	187
Radstand (mm):	1390
Höchstgeschw. (km/h):	135

Kawasaki Z 650

Die Z 650 war zur IFMA 1976 präsentiert worden und die erste Vierzylinder-650er der Nachkriegszeit. Obwohl sie dem Vierzylinder-Konzept folgte, gab es im Detail doch erhebliche Unterschiede, so zum Beispiel in der Kurbelwellen-Lagerung. Wie auch bei der zeitgleich enthüllten Z 1000 erfolgte die Kraftübertragung zum Hinterrad vermittels einer O-Ring-Kette. Bei einem Gewicht von 230 kg und einer Leistung von 66 PS avancierte die Neukonstruktion zu einer starken Konkurrenz für Hondas legendäre CB 750. Die ersten Z 650 wurden lediglich mit einer Bremsscheibe ausgeliefert, erst zur Jahresmitte 1977 erhielten alle bis dahin ausgelieferten 650er die bitter notwendige zweite Scheibe. Der ersten Serie (»B« mit Speichenrädern) folgte 1978 die C2-Reihe mit Gussrädern und hinterer Scheibe.

Modell:	Kawasaki Z 650
Baujahr:	1976
Motor:	4-Zyl., 4- Takt, dohc, 2V
Hubraum (ccm):	652
Bohrung x Hub (mm):	66 x 48,6
Max. Leistung (kW/min):	49/8500
Max. Drehm. (Nm/min):	57/7000
Gemischaufbereitung:	Vergaser
Kraftübertragung:	5-Gang, Kette
Starter:	Kick/Elektro
Fahrwerk:	Doppelschleifenr., Telegabel, Federbeine
Reifen (v/h):	3.25-19/4.00-18
Federweg v./h. (mm):	140/70
Bremsen v./h. (mm):	Scheibe 230 / Trommel 160
Gewicht (kg):	230
Radstand (mm):	1440
Höchstgeschw. (km/h):	190

Kawasaki Z 1000

Die Weiterentwicklung der Z 900 von 1977 hieß Z 1000 und verfügte über ein Quäntchen mehr Hubraum, aber nur wenig mehr Leistung als das Vormodell.
Fahrwerk und Handling hingegen profitierten vom Modellwechsel. Die Hinterradschwinge war nun nadelgelagert, die Dreischeiben-Bremsanlage sorgte nun endlich für angemessene Verzögerungswerte. Im Gegensatz zur legendären Vorgängerin verfügte die Z 1000 nun über eine 4-in-2-Auspuffanlage. Kawasaki darf übrigens mit Fug und Recht als Pionier der Softchopper-Welle bezeichnet werden. Die Z 1000 LTD war eine Z 1000-Variante mit den entsprechenden Attributen. Ursprünglich nur für die USA gedacht, machte dieses Mode Schule.

Modell:	Kawasaki Z 1000
Baujahr:	1977
Motor:	4-Zyl., 4- Takt, dohc, 2V
Hubraum (ccm):	1016
Bohrung x Hub (mm):	70 x 66
Max. Leistung (kW/min):	62,6/8000
Max. Drehm. (Nm/min):	81/6500
Gemischaufbereitung:	Vergaser
Kraftübertragung:	5-Gang, Kette
Starter:	Kick/Elektro
Fahrwerk:	Doppelschleifenr., Telegabel, Federbeine
Reifen (v/h):	3.25-19/4.00-18
Federweg v./h. (mm):	140/80
Bremsen v./h. (mm):	2 x Scheibe 295 / Scheibe 280
Gewicht (kg):	256
Radstand (mm):	1490
Höchstgeschw. (km/h):	210

Kawasaki Z1-R

Modell:	Kawasaki Z 1-R
Baujahr:	1978
Motor:	4-Zyl., 4- Takt, dohc
Hubraum (ccm):	1016
Bohrung x Hub (mm):	70 x 66
Max. Leistung (kW/min):	66/8000
Max. Drehm. (Nm/min):	81,4/7000
Gemischaufbereitung:	Vergaser
Kraftübertragung:	5-Gang, Kette
Starter:	Kick/Elektro
Fahrwerk:	Doppelschleifenr., Telegabel, Federbeine
Reifen (v/h):	3.25-19/4.00-18
Federweg v./h. (mm):	140/80
Bremsen v./h. (mm):	2 x Scheibe 250 / Scheibe 250
Gewicht (kg):	260
Radstand (mm):	1505
Höchstgeschw. (km/h):	212

Auf die neuen Einliter-Superbikes der Konkurrenz antwortete Kawasaki 1978 mit der Z1-R; im Design nahm sie den späteren Kawasaki-Stil vorweg.

So groß war der Unterschied zur Z 1000 übrigens gar nicht. Gut, Cockpitverkleidung, 4-in-1-Anlage und neu bestückte Vergaser sowie eine Leistung von 90 PS waren echte Neuheiten. Der Motor der Z1-R war mattschwarz lackiert. Allerdings war wieder einmal das Fahrwerk des gut 215 km/h schnellen Big Bikes nicht so gut, wie es hätte sein sollen – und schon gar nicht gut genug, um dem Klassenprimus, der Suzuki GS 1000, nahe zu kommen. Der Originaltank war mit zwölf Litern Inhalt ein Witz, es dauerte Monate, bis der Importeur ein 22-Liter-Fass liefern konnte, das zur Optik passte.

Kawasaki Z 1000 Mk II/ST

Zur IFMA 1978 präsentierte Kawasaki sein Flaggschiff im neuen Gewand: Die zuerst als CH, später als Mk (sprich Mark) II vermarktete 1000er mit modifiziertem Fahrwerk und gut im Futter stehendem 94 PS-Motor war zehn PS stärker als zuvor. Der Leistung angepasst hatte man das Fahrwerk; das Doppelschleifen-Chassis war an neuralgischen Punkten verstärkt worden. Weitere Änderungen umfassten größere Vergaser und Feinarbeit an den Motor-Innereien. Das Schwestermodell der MK II hieß ST und hatte mehr Federwege und einen Kardanantrieb. Damit standen nun vier 1000er im Kawasaki-Angebot. Für die Saison 1980 bot Kawasaki dann noch eine Sonderserie an, die mit Koffern, Trägern und Sturzbügeln komplettiert worden war.

Modell:	Kawasaki Z 1000 Mk II
Baujahr:	1979
Motor:	4-Zyl., 4- Takt, dohc
Hubraum (ccm):	1016
Bohrung x Hub (mm):	70 x 66
Max. Leistung (kW/min):	69/8000
Max. Drehm. (Nm/min):	86/7000
Gemischaufbereitung:	Vergaser
Kraftübertragung:	5-Gang, Kette
Starter:	Kick/Elektro
Fahrwerk:	Doppelschleifenr., Telegabel, Federbeine
Reifen (v/h):	3.25-19/4.00-18
Federweg v./h. (mm):	140/80
Bremsen v./h. (mm):	2 x Scheibe 300 / Scheibe 290
Gewicht (kg):	264
Radstand (mm):	1485
Höchstgeschw. (km/h):	211

Kawasaki Z 1300

Modell:	Kawasaki Z 1300
Baujahr:	1979
Motor:	6-Zyl., 4- Takt, dohc
Hubraum (ccm):	1286
Bohrung x Hub (mm):	62 x 71
Max. Leistung (kW/min):	73/6000
Max. Drehm. (Nm/min):	102/6000
Gemischaufbereitung:	Vergaser
Kraftübertragung:	5-Gang, Kardan
Starter:	Kick /Elektro
Fahrwerk:	Doppelschleifenr., Telegabel, Federbeine
Reifen (v/h):	110/90-18/130/90-17
Federweg v./h. (mm):	200/105
Bremsen v./h. (mm):	2 x Scheibe 260 / Scheibe 250
Gewicht (kg):	318
Radstand (mm):	1580
Höchstgeschw. (km/h):	215

Die Sechzylinder-Kwasaki Z 1300 erschien zur IFMA 1978 und war eine klare Kampfansage an CBX und Goldwing. Zu den Pluspunkten der Honda-Kontrahentin gehörte das ausgesprochen spurstabile Fahrwerk wie auch die hohe Laufkultur. Kawasakis Sixpack erschien in einer Zeit, als die Diskussion über Sinn und Unsinn hoher Motorleistungen ihren Höhepunkt erreichte, da half wenig, dass die offen 120 PS starke Kawasaki auf 100 PS gedrosselt wurde: Die Z 1300 galt als übermotorisierter, massiger Eisenhaufen. Dennoch gelang es ihr, sich am Markt zu behaupten. 1983 gelangte die luxuriöse Reisemaschine in den Genuss einer Einspritzanlage und firmierte fortan mit dem Zusatz DFI. Das Dickerchen, das vor allem in den USA mit einer gewaltigen Tourenverkleidung verkauft wurde, blieb bis 1989 im Programm des japanischen Herstellers. Ihren Platz als Luxustourer im Modellprogramm übernahm die GTR 1000.

Kawasaki Z 500

Die Z 500, 1978 vorgestellt und ab 1979 im Handel, kletterte rasch auf den zweiten Rang in der Kawasaki-internen Verkaufsstatistik – noch vor den großen, leistungsstarken Vierzylindern, die die Marke berühmt gemacht hatten. Sie galt als tolles, preisgünstiges Motorrad mit drehfreudigem, laufruhigem Vierzylinder und butterweich zu schaltendem Sechsgang-Getriebe. Die Ablösung erfolgte aber zur IFMA 1980 durch die Z 550.

Modell:	Kawasaki Z 500
Baujahr:	1979
Motor:	4-Zyl., 4- Takt, dohc
Hubraum (ccm):	498
Bohrung x Hub (mm):	55 x 52,4
Max. Leistung (kW/min):	37/9000
Max. Drehm. (Nm/min):	43/7500
Gemischaufbereitung:	Vergaser
Kraftübertragung:	6-Gang, Kette
Starter:	Elektro
Fahrwerk:	Doppelschleifenr., Telegabel, Federbeine
Reifen (v/h):	3.25-19/3.75-18
Federweg v./h. (mm):	140/80
Bremsen v./h. (mm):	2 x Scheibe 230 / Scheibe 237
Gewicht (kg):	210
Radstand (mm):	1395
Höchstgeschw. (km/h):	180

Laverda 750 SFC

Modell:	Laverda 750 SFC
Baujahr:	1975
Motor:	2-Zyl., 4-Takt, ohc, 2V
Hubraum (ccm):	744
Bohrung x Hub (mm):	80 x 74
Max. Leistung (kW/min):	45 /7500
Max. Drehm. (Nm/min):	61/6500
Gemischaufbereitung:	Vergaser
Kraftübertragung:	5-Gang, Kette
Starter:	Elektro
Fahrwerk:	Doppelrohrr., Motor mittragend, Telegabel, Federbeine
Reifen v./h. (mm):	3.25-19/4.00-18
Federweg v./h. (mm):	140/95
Bremsen v./h. (mm):	2 x Scheibe 280 / Scheibe 280
Gewicht (kg):	218
Radstand (mm):	1460
Höchstgeschw. (km/h):	185

Der italienische Hersteller – ursprünglich eine Glockengießerei, später ein Produzent von Landmaschinen – kam 1950 mit seinem ersten Motorrad, einer 150er, auf den Markt, wurde aber erste Mitte der 60er Jahre mit seinen großen Zweizylinder-Modellen auch außerhalb Italiens wahrgenommen. Die 750er Laverda- war modern und wirkte japanisch, die ohc-Twins hatten wohl die frühen Honda-Zweizylinder zum Vorbild. Die Laverda 750 SFC war die Sportvariante der in zahlreichen Rennen erfolgreichen SF-Zweizylinder und wurde zwischen 1971 und 1976 gebaut. Trocken 185 Kilogramm leicht, aber mit 75 PS bei 7500/min angegeben, wirkte die Werksangabe von 220 km/h Spitze nicht übertrieben. Außerdem setzte die Laverda mit ihrem steifen und spurstabilen Fahrwerk für die damalige Zeit Maßstäbe. Insgesamt wurden 549 SFC gebaut, die letzten in der Elettronica-Version mit elektronischer Bosch-Zündanlage. Scheibenbremsen gab es ab 1974.

Laverda 1000-3C

Als Antwort auf die Z1 von Kawasski erschien 1972 die erste 1000-cm³-Dreizylindermaschine aus Breganze. Der Motor mit zwei oben liegenden Nockenwellen hatte eine Kurbelwelle mit 180 Grad Hubzapfenversatz. War Europas Motorradeleite damit zumindest in Schlagdistanz zu den Japaner? Auf jeden Fall, und vom Fahrwerk der Konkurrenz klar überlegen. Wenn nur die verflixten Kleinigkeiten nicht gewesen wären, die Schludrigkeiten und die Nachlässigkeiten bei allem, was nicht direkt mit dem Fahren zu tun hatten. Im *Motorrad*-Test 1975 allerdings überzeugte die schöne Italienerin, und das so sehr, dass die Laverda 1000-3C gekauft und einem Langstreckentest unterzogen wurde. Die erste hielt nicht durch, Ersatz musste her. Für beide galt: Etwas mehr »Liebe im Detail und eine Qualitätskontrolle« hätten der Schönen aus Breganze gut getan.

Modell:	Laverda 1000-3C
Baujahr:	1973
Motor:	3-Zyl., 4-Takt, dohc, 4V
Hubraum (ccm):	980
Bohrung x Hub (mm):	75 x 74
Max. Leistung (kW/min):	57/7750
Max. Drehm. (Nm/min):	75/7000
Gemischaufbereitung:	Vergaser
Kraftübertragung:	5-Gang, Kette
Starter:	Elektro
Fahrwerk:	Doppelschleifenr., Telegabel, Federbeine
Reifen v./h. (mm):	3.50-18/4.00-18
Federweg v./h. (mm):	130/90
Bremsen v./h. (mm):	2 x Scheibe 280 / Trommel 230
Gewicht (kg):	243
Radstand (mm):	1486
Höchstgeschw. (km/h):	209

Dennoch endete der Test mit einem versöhnlichen Fazit: »Ein guter Mann auf einer 1000er Laverda – das kann für weit mehr als 25 000 Kilometer eine optimale Kombination sein.«

Laverda 500

Modell:	Laverda 500
Baujahr:	1977
Motor:	2-Zyl., 4-Takt, dohc, 4V
Hubraum (ccm):	496
Bohrung x Hub (mm):	72 x 61
Max. Leistung (kW/min):	33/6900
Max. Drehm. (Nm/min):	45/5200
Gemischaufbereitung:	Vergaser
Kraftübertragung:	6-Gang, Kette
Starter:	Elektro
Fahrwerk:	Zentralrohrr., Telegabel, Federbeine
Reifen v./h. (mm):	3.00-18/3.50-18
Federweg v./h. (mm):	140/100
Bremsen v./h. (mm):	2 x Scheibe 260 / Scheibe 260
Gewicht (kg):	189
Radstand (mm):	1420
Höchstgeschw. (km/h):	175

1975 gezeigt, hatte diese kleine Laverda einen Vierventil-Doppelnockenmotor. Seit Herbst 1977 in Ausland verkauft, war sie in Deutschland aber erst Ende 1978 lieferbar, zu einem Zeitpunkt, als die japanischen Maschinen in Sachen Handling und Styling gewaltig dazugelernt hatten. Auch wenn diese das Niveau der Laverda noch nicht erreicht haben mochten, spielten doch Verarbeitung, Preis und Werkstattnetz inzwischen doch eine sehr viel größere Rolle – und da gerieten die Modelle der Fahrzeugmanufaktur aus Breganze ins Hintertreffen. Die ersten Exemplare mussten noch per Musterzulassung in den Straßenverkehr gebracht werden, hatten also keine ABE. Von der Papierform ein Kraftpaket, waren die Motorräder im Fahrbetrieb dann eher ernüchternd (Durchzugschwäche), zumal der Twin trotz Ausgleichswelle kernige Vibrationen entwickelte. Das Handling der 190 kg schwere Maschine bezeichneten Tester als ausgezeichnet, die Ausstattung für italienische Verhältnisse üppig. Alles in allem ein interessantes Angebot in der 50-PS-Klasse, doch mit 6800 Mark sehr teuer.

Laverda 1200

Modell:	Laverda 1200
Baujahr:	1978
Motor:	3-Zyl., 4-Takt, dohc, 4V
Hubraum (ccm):	1130
Bohrung x Hub (mm):	80 x 74
Max. Leistung (kW/min):	63/7350
Max. Drehm. (Nm/min):	91/6000
Gemischaufbereitung:	Vergaser
Kraftübertragung:	5-Gang, Kette
Starter:	Elektro
Fahrwerk:	Doppelschleifenr., Telegabel, Federbeine
Reifen v./h. (mm):	4.10-18/4.25-18
Federweg v./h. (mm):	140/105
Bremsen v./h. (mm):	2 x Scheibe 280 / Scheibe 280
Gewicht (kg):	246
Radstand (mm):	1470
Höchstgeschw. (km/h):	207

Die Weiterentwicklung der 1000er Dreizylinder von 1978 präsentierte sich in vielerlei Beziehung verbessert. So waren, neben dem Hubraumzuwachs auf 1116 Kubik, die knochenhart gefederten Federelemente der 1000er gegen andere ersetzt worden. Die boten immerhin ein Mindestmaß an Komfort, was genügte, um der Laverda-Neuauflage im *Motorrad*-Vergleichstest der Edel-Italiener (die anderen waren die Ducati 900 SS und die Moto Guzzi Le Mans II) den Part des Tourers zuzuweisen: Kriterien wie eine anständige Sitzbank und gut ablesbare Armaturen (die Uhren stammten von Nippon Denso) spielten dabei ebenso eine Rolle wie die hohe Sitzposition und Federelemente, die nicht ganz so hart abgestimmt waren wie bei Guzzi und Ducati. Die Laverda war allerdings, auch das typisch italienisch, kein Sonderangebot, was die Verbreitung noch viel ernsthafter beschränkte als das lückenhafte Händlernetz: Die 1200er kostete als 1979er Jubiläumsmodell stolze 11.190 Mark.

Maico MD 250

Der deutsche Kleinserienhersteller und Geländespezialist im schwäbischen Pfäffingen, der seit 1933 Motorräder in Serie baute, meldete 1958 erstmals Konkurs an. 1966 hatte dann das Unternehmen, das sein Überleben nicht zuletzt den Cross-Erfolgen und den Bundeswehr-Aufträgen verdankte, eine neue Straßen-125er mit Drehschieber-Motor vorgestellt, diese bildete die Basis für die 250er, die 1971 angekündigt, aber erst ab 1974 gebaut wurde. Die 27-PS-Maico galt als schnelles, sehr unkultiviertes Motorrad mit überragendem Fahrwerk. Rund 1300 MD 250 wurden im Schwabenland zusammengeschraubt. Einheitliche Serienstandards scheint es nicht gegeben zu haben, verbaut wurde an Teilen, was gerade günstig am Markt zu haben war. Von Konkurrenz wie Kunden weitgehend unbeachtet, wurde die zuletzt über 4000 Mark teuere 250er 1978 abgelöst.

Modell:	Maico MD 250
Baujahr:	1972
Motor:	1-Zyl., 2-Takt
Hubraum (ccm):	245
Bohrung x Hub (mm):	76 x 54
Max. Leistung (kW/min):	20/7000
Max. Drehm. (Nm/min):	28/7000
Gemischaufbereitung:	Vergaser
Kraftübertragung:	6-Gang, Kette
Starter:	Kick
Fahrwerk:	Doppelschleifenr., Telegabel, Federbeine
Reifen v./h. (mm):	2.75-18/3.25-18
Federweg v./h. (mm):	120/80
Bremsen v./h. (mm):	Trommel 180 / Trommel 160
Gewicht (kg):	126
Radstand (mm):	1330
Höchstgeschw. (km/h):	159

Maico MD 250 wk

Nach dem Wegfall des MD 125 verblieb als einzige Straßenmaschine die auf Wasserkühlung umgestellte 250er im Programm. Die MD 250 wk des Jahres 1978 erhielt dazu eine neue Tank-Sitzbanklinie, Scheibenbremsen vorn wie hinten sowie Gussräder. Die Maßnahmen hoben das Leergewicht auf rund 130 Kilogramm, doch ging der 27-PS-Renner damit über 150 km/h. Die Jahresproduktion lag schließlich nur noch bei rund 300 Maschinen – zu wenig, um Maico vor dem finanziellen Absturz zu bewahren. Die mangelnde Nachfrage zwang die Maico-Macher, in den Folgejahren den Preis für die MD immer weiter zu reduzieren (im Einführungsjahr DM 4852,-, 1981 DM 3975,-) – vergeblich, und auch der eigens initiierte Maico-Cup änderte nichts: 1983 endete die Produktion dieser Maico-Straßenmaschine.

Modell:	Maico MD 250 wk
Baujahr:	1978
Motor:	1-Zyl., 2-Takt
Hubraum (ccm):	245
Bohrung x Hub (mm):	76 x 54
Max. Leistung (kW/min):	20/7000
Max. Drehm. (Nm/min):	28,7/6400
Gemischaufbereitung:	Vergaser
Kraftübertragung:	6-Gang, Kette
Starter:	Kick
Fahrwerk:	Doppelschleifenr., Telegabel, Federbeine
Reifen v./h. (mm):	3.00-18/3.25-18
Federweg v./h. (mm):	135/105
Bremsen v./h. (mm):	Scheibe 260 / Scheibe 260
Gewicht (kg):	132
Radstand (mm):	1345
Höchstgeschw. (km/h):	151

Malanca 125

Malanca-Motorräder erinnerten an das Ungeheuer von Loch Ness: Ab und an stand darüber etwas zu lesen, doch leibhaftig gesehen hatte es keiner. So ähnlich erging es den meisten auch mit den Maschinen aus Bologna. Die Blütezeit dieser 1956 gegründeten Firma waren die Siebziger, zwischen 1973 und 1976 stellten die Zweizylinder-Zweitakter eine Macht dar im 125er GP-Sport. In den späten Siebzigern versuchte Mario Malancas Firma ihr Glück mit 125 ccm großen, kolbengesteuerten Straßen-Twins, die es mit Luft- wie auch Wasserkühlung gab. Die sehr sportlichen Maschinen (die »ob one 125« war in den frühen Achtzigern die erste 125er mit 25 PS und einer Spitze von 150 km/h) wurden nahezu ausschließlich in Italien verkauft, auch wenn *Motorrad* 1979 eine 125 E 2 C Sport testen konnte.

Modell:	Malanca 125 E 2C
Baujahr:	1979
Motor:	2-Zyl, 2-Takt
Hubraum (ccm):	125
Bohrung x Hub (mm):	43 x 43
Max. Leistung (kW/min):	12,5/9300
Max. Drehm. (Nm/min):	k.A.
Gemischaufbereitung:	Vergaser
Kraftübertragung:	5-Gang, Kette
Starter:	Kick
Fahrwerk:	Doppelschleifenr., Telegabel, Federbeine
Reifen v./h. (mm):	2.75-18/3.00-18
Federweg v./h. (mm):	k.A.
Bremsen v./h. (mm):	2 x Scheibe / Scheibe
Gewicht (kg):	115
Radstand (mm):	k.A.
Höchstgeschw. (km/h):	120

Hierzulande wurde sie nur auf Bestellung eingeführt.

Moto Morini 3½

Der traditionsreiche Hersteller stellte Ende 1973 diese neue 350er vor, die vor allem für den italienischen Markt bestimmt war. Der 72-Grad-Twin überzeugte durch Drehmoment und Temperament, zumal die Leistungsangabe von 39 PS ebenso sensationell erschien wie das Trockengewicht von noch nicht einmal 160 Kilo. In Deutschland wurde die Morini 1975 vom damaligen Ducati-Importeur Alexander importiert. Im ersten großen 27-PS-Vergleichstest, den die Zeitschrift *Motorrad* durchführte, belegte Morini einen hervorragenden dritten Platz. Den Verkaufszahlen half das letztlich nicht auf die Sprünge, eine Morini war mit 5200 Mark (1975) stets eine ganze Stange teuerer als die japanische Konkurrenz.

Modell:	Moto Morini 3½ V
Baujahr:	1973
Motor:	V2-Zyl, 4-Takt, ohv, 2V
Hubraum (ccm):	347
Bohrung x Hub (mm):	62 x 57
Max. Leistung (kW/min):	20/8200
Max. Drehm. (Nm/min):	32,1/ 5900
Gemischaufbereitung:	Vergaser
Kraftübertragung:	6-Gang, Kette
Starter:	Kick
Fahrwerk:	Doppelschleifenr., Telegabel, Federbeine
Reifen v./h. (mm):	3.25–18/4.10-18
Federweg v./h. (mm):	130/80
Bremsen v./h. (mm):	Scheibe 260 / Trommel 160
Gewicht (kg):	155
Radstand (mm):	1400
Höchstgeschw. (km/h):	155

Moto Morini 500

Im Frühjahr 1978 kam ein weiteres Halbliter-Modell auf den deutschen Markt, das die Masse der Biker nur im *Motorrad* zu sehen bekam, die Morini 500: Wieder eine jener handlichen, quicklebendigen Italienerinnen mit V-Zweizylinder, grazilem Doppelschleifen-Rohrrahmen und Marzocchi-Federelementen sowie einigen Eigenwilligkeiten, die bei einem japanischen Motorrad als fetter Minus, hier aber wohlwollend als Charakterfehler entschuldigt wurden: Die Tester jener Jahre hatten viel Verständnis für die Exoten unter den Motorrädern: »Der kern-gesunde Motor und das sensible Fahrwerk entschädigen spielend für jene Kleinigkeiten, die den japanischen Standard noch nicht ganz erreichen« – so lautete das nachsichtige Fazit des Fahrberichts in Heft 18/1978, in dem alles Wissenswerte zur 43 PS starken und 185 kg schweren Bologneserin nachzulesen war.

Modell:	Moto Morini 500 M
Baujahr:	1977
Motor:	V2-Zyl, 4-Takt, ohv, 2V
Hubraum (ccm):	479
Bohrung x Hub (mm):	69 x 64
Max. Leistung (kW/min):	32/7500
Max. Drehm. (Nm/min):	43,5/5100
Gemischaufbereitung:	Vergaser
Kraftübertragung:	5-Gang, Kette
Starter:	Elektro/Kick
Fahrwerk:	Doppelschleifenr., Telegabel, Federbeine
Reifen v./h. (mm):	90/90-18/3.50-18
Federweg v./h. (mm):	k.A.
Bremsen v./h. (mm):	2 x Scheibe 260 / Scheibe 260
Gewicht (kg):	185
Radstand (mm):	1443
Höchstgeschw. (km/h):	175

Moto Guzzi 850 California

V2-Motor und Kardanantrieb waren charakteristisch für die Maschinen der 1921 in Mandello del Lario gegründeten Firma. Bei den V 850 von 1971 handelte es sich um modellgepflegte Varianten der 1967 gezeigten V 7, der Mutter aller neuzeitlichen Guzzis. Eine neue Kurbelwelle sorgte für den Hubraumzuwachs auf 844 Kubik, das Getriebe hatte fünf Gänge. Ihre 850er boten die Italiener in verschiedenen Varianten an, als GT oder als California mit Fahrertrittbrettern, Zweifarbensitzbank, Windschutzscheibe, Sturzbügel und anderem Lenker. Die 850er waren die ersten Guzzis mit Scheibenbremse, diese wurde im November 1973 homologiert.

Modell:	Moto Guzzi 850 California
Baujahr:	1973
Motor:	V2-Zyl, 4-Takt, ohv, 2V
Hubraum (ccm):	844
Bohrung x Hub (mm):	83 x 78
Max. Leistung (kW/min):	41/6100
Max. Drehm. (Nm/min):	k.A.
Gemischaufbereitung:	Vergaser
Kraftübertragung:	5-Gang, Kardan
Starter:	Elektro
Fahrwerk:	Doppelschleifenr., Telegabel, Federbeine
Reifen v./h. (mm):	3.50-18/4.10-18
Federweg v./h. (mm):	k.A.
Bremsen v./h. (mm):	Scheibe 300 Trommel 220
Gewicht (kg):	249
Radstand (mm):	1470
Höchstgeschw. (km/h):	174

Moto Guzzi 750 S

Modell:	Moto Guzzi 750 S3
Baujahr:	1975
Motor:	V2-Zyl, 4-Takt, ohv, 2V
Hubraum (ccm):	748
Bohrung x Hub (mm):	82,5 x 70
Max. Leistung (kW/min):	46/6900
Max. Drehm. (Nm/min):	65/5500
Gemischaufbereitung:	Vergaser
Kraftübertragung:	5-Gang, Kardan
Starter:	Elektro
Fahrwerk:	Doppelschleifenr., Telegabel, Federbeine
Reifen v./h. (mm):	4.00-18/4.00-18
Federweg v./h. (mm):	120/k.A.
Bremsen v./h. (mm):	2 x Scheibe 300 / Scheibe 242
Gewicht (kg):	240
Radstand (mm):	1485
Höchstgeschw. (km/h):	206

Die Geschichte dieser Maschine begann 1971 in Gestalt der V7 Sport, die als erste Rennsport-Guzzi der Neuzeit (Bol d'or 1971) gelten darf. Die Sport mutierte im Februar 1974 zur 750 S; die Zusatzbezeichnung verdankte sie der neuen Bremsanlage mit zwei große Bremsscheiben und Brembo-Zangen. Änderungen von größerer Bedeutung waren im Inneren des Motors zu finden: Die Steuer-Stirnräder wurden durch eine über drei Zahnräder laufende Steuerkette ersetzt, die auch die Ölpumpe trieb.
Die 750 S3 von 1975 hatte dann drei Bremsscheiben. Der Motor war der erste mit einer richtigen Ölfilterpatrone in der Ölwanne, die Vorgänger hatten nur noch einen Sieb. Optische Modifikationen umfassten die neue Blinkanlage und die Seitendeckel der 850 T. Mit den drei Bremsscheiben kam auch das Integralbremse, wobei das Bremspedal auf eine Vorderscheibe und die Hinterscheibe wirkte, der Hebel am Lenker dagegen auf die zweite Scheibe vorn. Ein Druckregler verteilte die Bremskraft so, dass das Hinterrad vor dem Vorderrad blockierte. Nur ein Jahr gebaut, wurde sie von der 850 Le Mans abgelöst.

Moto Guzzi V 1000 I Convert

Die nächste Ausbaustufe des Guzzi-Motors erschien in Form der V 1000 I Convert, die extra für die amerikanische Polizei entwickelt und mit Zweistufen-Automatik versehen worden war. Trotz des aufgebohrten Motors (im Grund genommen handelte es sich um eine 950er) hatte die neue Touren-Guzzi kaum mehr Leistung als die 850er, da Vergaser (obwohl umgedüst) und Nockenwellen unverändert übernommen worden waren. Als echter Leistungsfresser entpuppte sich der »Idro Convert«, die Zweigang-Automatik mit Wandlerflüssigkeit. Die beiden Fahrstufen wurden mit dem Fußpedal eingelegt. Eine normale Kupplung wurde nur beim Start verwendet, anschließend entschied der Gasdrehgriff über die eingelegte Fahrstufe.

Modell:	Moto Guzzi V 1000 I Convert
Baujahr:	1975
Motor:	V2-Zyl, 4-Takt, ohv, 2V
Hubraum (ccm):	948
Bohrung x Hub (mm):	88 x 78
Max. Leistung (kW/min):	45/6500
Max. Drehm. (Nm/min):	74/5250
Gemischaufbereitung:	Vergaser
Kraftübertragung:	2-Gang-Automatik, Kardan
Starter:	Elektro
Fahrwerk:	Doppelschleifenr., Telegabel, Federbeine
Reifen v./h. (mm):	4.10-18/4.10-18
Federweg v./h. (mm):	130/80
Bremsen v./h. (mm):	2 x Scheibe 300 / Scheibe 242
Gewicht (kg):	261
Radstand (mm):	1470
Höchstgeschw. (km/h):	175

Moto Guzzi V35/V50

Modell:	Moto Guzzi V 35
Baujahr:	1978
Motor:	V2-Zyl, 4-Takt, ohv, 2V
Hubraum (ccm):	346
Bohrung x Hub (mm):	66 x 50,6
Max. Leistung (kW/min):	20/7600
Max. Drehm. (Nm/min):	26,5/6200
Gemischaufbereitung:	Vergaser
Kraftübertragung:	5-Gang, Kardan
Starter:	Elektro
Fahrwerk:	Doppelschleifenr., Telegabel, Federbeine
Reifen v./h. (mm):	3.00-18/100/90-16
Federweg v./h. (mm):	100/60
Bremsen v./h. (mm):	2 x Scheibe 260 / Scheibe 242
Gewicht (kg):	175
Radstand (mm):	1410
Höchstgeschw. (km/h):	150

Zusammen mit der V 50 wurde die V 35 im Herbst 1976 vorgestellt. Sie waren völlig neue Konstruktionen, die durch moderne automatische Methoden kostensparend hergestellt werden sollten. Neue italienische Vorschriften machten kurz nach der Einführung der neuen Modelle die 500er für Jugendliche unerschwinglich, was der V 35 auf dem italienischen Markt zu beachtlicher Popularität verhalf. Obwohl die allgemeine Auslegung an die größeren Modelle erinnerte, waren die Unterschiede doch beachtlich: Das Kurbelgehäuse ließ sich horizontal trennen, die Schwinge war im Getriebegehäuse gelagert und außerdem aus Alu gegossen. Mit der V35 versuchte Moto Guzzi in der 27 PS-Klasse Fuß zu fassen, die bis auf den Hubraum praktisch baugleiche V 50 sollte in der 50-PS-Klasse punkten. Beide schafften dies durch ihr brillantes Fahrwerk, ihre Handlichkeit und das vorzügliche Integral-Bremssystem.

Moto Guzzi 850 Le Mans

Modell:	Moto Guzzi 850 Le Mans
Baujahr:	1976
Motor:	V2-Zyl, 4-Takt, ohv, 2V
Hubraum (ccm):	844
Bohrung x Hub (mm):	83 x 78
Max. Leistung (kW/min):	52/7300
Max. Drehm. (Nm/min):	72/6500
Gemischaufbereitung:	Vergaser
Kraftübertragung:	5-Gang, Kardan
Starter:	Elektro
Fahrwerk:	Doppelschleifenr., Telegabel, Federbeine
Reifen v./h. (mm):	3.50-18/4.00-18
Federweg v./h. (mm):	125/k. A
Bremsen v./h. (mm):	2 x Scheibe 300/ Scheibe 242
Gewicht (kg):	225
Radstand (mm):	1490
Höchstgeschw. (km/h):	206

Die Le Mans trat die Nachfolge der 750er Sport-Reihe an. Im Grunde genommen handelte es sich dabei um den großvolumigen Motor der 850 T3 (versehen mit größeren Ventilen, erhöhter Verdichtung, größeren Vergasern und neuem Auspuff) im Chassis einer 750 S3. Zunächst nur mit Einzelsitzbank lieferbar, kam rasch die Le Mans dann mit Doppelsitz und neuem Rücklicht. Die ersten zwei Baujahre hatten einen verchromten Lichtmaschinendeckel, der bei langen, schnellen Etappen für Überhitzung und Zusammenbruch der Elektrik sorgte. 1978 wurde er durch einen aus Kunststoff mitsamt Luftschlitzen ersetzt. Über 1100 Stück der nachträglich »Le Mans I« getauften Guzzi wurden in Deutschland verkauft, die diese Individualisten mit überragendem Fahrverhalten verwöhnten. Nur schade, dass die Italiener nach wie vor die Feinarbeit im Detail vermissen ließen. Wem das aber die geforderten 10.560 Mark wert war, erhielt ein Sportmotorrad, wie es die Japaner nach wie vor nicht auf die Räder zu stellen vermochten.

Moto Guzzi Le Mans II

Modell:	Moto Guzzi 850 Le Mans II
Baujahr:	1979
Motor:	V2-Zyl, 4-Takt, ohv, 2V
Hubraum (ccm):	844
Bohrung x Hub (mm):	83 x 78
Max. Leistung (kW/min):	53/7700
Max. Drehm. (Nm/min):	73/6500
Gemischaufbereitung:	Vergaser
Kraftübertragung:	5-Gang, Kardan
Starter:	Elektro
Fahrwerk:	Doppelschleifenr., Telegabel, Federbeine
Reifen v./h. (mm):	100/90-18/110/90-18
Federweg v./h. (mm):	135/125
Bremsen v./h. (mm):	2 x Scheibe 300 / Scheibe 242
Gewicht (kg):	238
Radstand (mm):	1470
Höchstgeschw. (km/h):	208

Zum Ende des Jahrzehnts erfolgte die Einführung der Le Mans II, die in ersten Tests lange nicht so gut wegkam wie die Vorgängerin. Die gewöhnungsbedürftige Verkleidung mit rahmenfestem Unterteil und lenkerbefestigtem Oberteil war bei höheren Geschwindigkeiten oft die Ursache für Fahrwerksunruhen. Kurz nach der Einführung wurde deshalb die untere Gabelbrücke verändert. Ende 1980 wurde auch die Gabel modifiziert, unter anderem mit Luftunterstützung. Da viele Le Mans II mit anderen Verkleidungen versehen wurden (einige auch in Le Mans I umgebaut wurden) ist die Platzierung der vorderen Bremszangen der beste Hinweis ob es sich um eine »II« handelt oder nicht. Hier befinden sie sich nämlich hinten den Tauchrohren der Gabel.

Münch-4 TTS 1200 E

Friedel Münch aus dem hessischen Altenstadt verpflanzte einen Vierzylinder-Automotor aus dem NSU TT in einen eigens konstruierten Motorradrahmen und schuf somit einen gut 300 kg schweres Monstrum, der ob seiner schieren Größe bald seinen Namen weg hatte – »Mammut«. 1966 hatte er seine erste TTS fertig, sie leistete damals 55 PS. 1973 erschien eine Version mit Einspritzer und 100 PS, während die 1400er Turbo-Variante auf stolze 140 PS kam. Mitte der 70er Jahre endete die Ära dieser übergewichtigen und mitunter sogar als unfahrbar bezeichneten Techno-Kräder, Friedel Münch war es nie gelungen, sein Projekt auf wirtschaftlich gesunde Basis zu stellen. Rund 470 Maschinen entstanden in dieser rund zehn Jahre währenden Phase, allesamt in Handarbeit, die Rechte verkaufte Münch an die Firma Henke, die auf der IFMA 1978 die Münch4 mit 1300er Motor (»die leichteste Münch, die es je gab«) präsentierte. Gebaut wurde sie aber nur auf Bestellung und mit Scheibenbremsen.

Modell:	Münch-4 TTS 1200 E
Baujahr:	1973
Motor:	4-Zyl, 4-Takt, ohc, 2V
Hubraum (ccm):	1287
Bohrung x Hub (mm):	78,5 x 66,5
Max. Leistung (kW/min):	75/7500
Max. Drehm. (Nm/min):	98/6500
Gemischaufbereitung:	Einspritzung
Kraftübertragung:	4-Gang, Kette
Starter:	Elektro
Fahrwerk:	Doppelschleifenr., Telegabel, Federbeine
Reifen v./h. (mm):	3.25-19/4.00-18
Federweg v./h. (mm):	135/75
Bremsen v./h. (mm):	Trommel/Trommel
Gewicht (kg):	311
Radstand (mm):	1475
Höchstgeschw. (km/h):	196

MV Agusta 750 S

Modell:	MV Agusta 750 S
Baujahr:	1972
Motor:	4-Zyl, 4-Takt, dohc, 2V
Hubraum (ccm):	743
Bohrung x Hub (mm):	65 x 56
Max. Leistung (kW/min):	49,2/8000
Max. Drehm. (Nm/min):	k.A.
Gemischaufbereitung:	Vergaser
Kraftübertragung:	5-Gang, Kardan
Starter:	Elektro
Fahrwerk:	Doppelschleifenr., Telegabel, Federbeine
Reifen v./h. (mm):	3.50-18/4.00-18
Federweg v./h. (mm):	130/90
Bremsen v./h. (mm):	Trommel 230 / Trommel 196
Gewicht (kg):	233
Radstand (mm):	1390
Höchstgeschw. (km/h):	225

Keine italienische Maschine jener Jahre stieß auf größeres Interesse als die 750 S. Vier Zylinder, zwei obenliegende Nockenwellen, vier Vergaser und Fünfganggetriebe – das waren die Eckwerte, die Motorradfans elektrisierten. Immerhin hatten auf Maschinen mit solchen Konstruktionsmerkmalen John Surtees sechs, Mike Hailwood vier und Gary Hocking zwei WM-Titel für MV nach Bregenze nach Hause gefahren. Die neue Serienmaschine – eine Weiterentwicklung der 600er-Vierzylinder von 1966 – konnte also auf eine stattliche Ahnengalerie zurückblicken. Ein weiteres Highlight war der Kardanantrieb zum Hinterrad. 1972, als der erste *Motorrad*-Fahrbericht erschien, waren seit 1969 nicht mehr als 80 Maschinen gebaut worden, von denen keine fünf Stück (Preis: 13.000 Mark) nach Deutschland gelangt waren. In Deutschland wurde die Marke von einer Firma in Baden-Baden betreut; als das Werk 1976 den Motorradbau einstellte, sicherten sich die Badener beinahe die Hälfte der noch auf Halde stehenden Maschinen und bauten sie um.

MV Agusta 1000 Corona

In der Werkstatt in Baden-Baden entstanden die exklusiven Stücke dann mehr oder minder auf Bestellung, praktische jede MV war ein 20.000 Mark teures Einzelstück. Neben der Super America hatte der Importeur 1976 noch eine 900er mit 862 Kubik im Angebot. Im Grunde genommen handelte es sich dabei um eine aufgebohrte, mit anderer Kurbelwelle sowie anderen Vergasern versehene America. Parallel dazu gab es auch eine MV mit Einliter-Motor. Diesmal war es aber mit einer einfachen Hubraumvergrößerung durch Aufbohren nicht getan (mehr als 70 mm Bohrung waren nicht drin). Daher entstand eine neue Kurbelwelle mit größerem Hub, was einen Hubraum von 954 Kubik ergab. Die Motorleistung lag, wie bei der 900er, bei 105 PS, und auch der Rest der 16 Mal gebauten Maschine entsprach der 900er.

Modell:	MV Agusta 1000 Corona
Baujahr:	1978
Motor:	4-Zyl, 4-Takt, dohc, 2V
Hubraum (ccm):	954
Bohrung x Hub (mm):	70 x 62
Max. Leistung (kW/min):	79/10.000
Max. Drehm. (Nm/min):	k.A.
Gemischaufbereitung:	Vergaser
Kraftübertragung:	5-Gang, Kardan
Starter:	Elektro
Fahrwerk:	Doppelschleifenr., Telegabel, Federbeine
Reifen v./h. (mm):	3.50-18/4.00-18
Federweg v./h. (mm):	125/70
Bremsen v./h. (mm):	2 x Scheibe 280 / Scheibe 280
Gewicht (kg):	255
Radstand (mm):	1390
Höchstgeschw. (km/h):	221

MV Agusta 1100 Grand Prix

Die 1100 MV gehörte zu den absoluten Traummaschinen. Dass es zu dieser Maschine überhaupt kam, ist dem rührigen Importeur zu verdanken, der, um im Wettrüsten der späten Siebziger mithalten zu können, eine neue Kurbelwelle mit 62 mm Hub und ein völlig neues Bankett gießt, bei dem die Zylinder zusammen mit dem Steuergehäuse und Bankett eine Einheit bilden. Dank dieser Neukonstruktion war eine Zylinderbohrung von 74 mm möglich, was letztlich einen Hubraum von 1067 cm³ zur Folge hatte. Mit 119 PS und einem Gewicht von 243 Kilo stellte die 236,5 km/h schnelle Grand Prix alles in den Schatten, was zu jener Zeit sonst noch auf dem Markt zu haben war. Allerdings auch im Preis: 29 600 kostete das Kunst-Stück aus Baden-Baden – kein Wunder, dass nur vier Grand Prix gebaut wurden.

Modell:	MV Agusta GP 1100
Baujahr:	1973-197X
Motor:	4-Zyl, 4-Takt, dohc, 2V
Hubraum (ccm):	1067
Bohrung x Hub (mm):	74 x 62
Max. Leistung (kW/min):	88/10.200
Max. Drehm. (Nm/min):	k.A.
Gemischaufbereitung:	Vergaser
Kraftübertragung:	5-Gang, Kette
Starter:	Elektro
Fahrwerk:	Doppelschleifenr., Telegabel, Federbeine
Reifen v./h. (mm):	3.50-18/4.00-18
Federweg v./h. (mm):	125/70
Bremsen v./h. (mm):	2 x Scheibe 280 / Scheibe 280
Gewicht (kg):	243
Radstand (mm):	1450
Höchstgeschw. (km/h):	237

MZ TS 125

Neben der Viertelliter-Maschine umfasste der MZ-Baukasten auch eine 125er bzw. 150er, wobei die 150er in Westdeutschland nur so lange interessant war, wie die Versicherungseinstufung nach Hubräumen erfolgte. Die ES-Reihe war 1963 eingeführt worden und Ende der Sechziger überarbeitet. Die Änderungen erfolgten analog zur 250er, entsprechend lautete die Typenbezeichnung nun ETS 125. Änderungen an Tank, Scheinwerfer und Telegabel führten dann nach 1973 zur neuen Typenbezeichnung TS. Rahmen und Hinterbau stammten aber immer noch von den ES-Modellen aus dem Jahre 1962. Und selbst wenn es ab 1978 eine Luxusausführung mit Drehzahlmesser gab: Westdeutsche Motorradfahrer konnten damit nichts mehr anfangen.

Modell:	MZ TS 125
Baujahr:	1973
Motor:	1-Zyl., 2-Takt
Hubraum (ccm):	123
Bohrung x Hub (mm):	52 x 58
Max. Leistung (kW/min):	7,4/6150
Max. Drehm. (Nm/min):	12,5/5250
Gemischaufbereitung:	Vergaser
Kraftübertragung:	4-Gang, Kette
Starter:	Kick
Fahrwerk:	Zentralrohrr., Telegabel, Federbeine
Reifen v./h. (mm):	2.75-18/3.00-18
Federweg v./h. (mm):	185/105
Bremsen v./h. (mm):	Trommel 160 / Trommel 150
Gewicht (kg):	115
Radstand (mm):	1305
Höchstgeschw. (km/h):	100

MZ TS 250/1

Die DKW-Nachfolgefirma MZ (Motorradwerke Zschopau) belieferte mit ihren Zweitaktern den gesamten Ostblock. Obwohl die Nachfrage auf dem Inlandsmarkt nicht bedient werden konnte, wurde bereits in den 60er Jahren mit dem Export nach Westdeutschland begonnen. Der Vertrieb erfolgte über Versender Neckermann. Die TS 250 wurde 1973 vorgestellt. Sie basierte auf der ETS 250 von 1969 und unterschied sich von dieser durch die geänderte Vergaserbestückung und den neuen Rahmen ohne vorderes Brustrohr. Es folgte eine Reihe an Detailverbesserungen. Die Baureihe /1 vom Herbst 1976 brachte eine stärker dimensionierte Telegabel, ein 18-Zoll-Vorderrad, eine verrippte Bremstrommel und ein Fünfgang-Getriebe. Markantestes Merkmal indes war der neu verrippte Zylinder samt flachem Oberteil, der so genannte Scheibenkopf.

Modell:	MZ TS 250/1
Baujahr:	1976
Motor:	1-Zyl., 2-Takt
Hubraum (ccm):	243
Bohrung x Hub (mm):	69 x 65
Max. Leistung (kW/min):	10/5400
Max. Drehm. (Nm/min):	26/4900
Gemischaufbereitung:	Vergaser
Kraftübertragung:	5-Gang, Kette
Starter:	Kick
Fahrwerk:	Zentralrohrr. Telegabel, Federbeine
Reifen v./h. (mm):	2.75-18/3.50-16
Federweg v./h. (mm):	185/105
Bremsen v./h. (mm):	Trommel 160 / Trommel 160
Gewicht (kg):	145
Radstand (mm):	1355
Höchstgeschw. (km/h):	115

Norton Commando 850

Modell:	Norton Commando 850
Bauzeit:	1976
Motor:	2-Zyl., 4-Takt, ohv, 2V
Hubraum (ccm):	828
Bohrung x Hub (mm):	77 x 89
Max. Leistung kW/1/min:	37,5/6250
Max. Drehm. Nm/1/min:	74/3400
Gemischaufbereitung:	Vergaser
Kraftübertragung:	4-Gang, Kette
Starter:	Elektro
Fahrwerk:	Doppelschleifenr., Telegabel, Federbeine
Reifen v./h. (mm):	4.10-19/4.10-19
Federweg v./h. (mm):	140/100
Bremsen v./h. (mm):	Scheibe 270 / Trommel 175
Gewicht (kg):	220
Radstand (mm):	1440
Höchstgeschw. (km/h):	190

Die 1896 gegründete Firma wurde Ende der 1960er Jahre mit der BSA-Gruppe zwangsfusioniert und firmierte 1974 als NVT (Norton-Villiers-Triumph), um dann im November 1974 in Konkurs zu gehen. Bis 1977 entstanden noch aus Restbeständen Norton-Maschinen. In Deutschland hielten lediglich einige Enthusiasten die Fahne hoch, ein nennenswerter Import erfolgte nicht. Letztes Lebenszeichen war die Commando 850. Die erste Ausführung kam im Frühjahr 1973 auf den deutschen Markt, sie war eine Weiterentwicklung der alten 750er mit größerer Bohrung, verstärktem Kurbelgehäuse, verstärkter Kupplung und feingewuchteter Kurbelwelle, um die Vibrationen zu dämpfen. Letzte Ausführung war dann die Mk 3, die 1976 in *Motorrad* ihren letzten großen Auftritt hatte. Anlass waren die milden Modellpflegemaßnahmen, so hatte der Paralleltwin Linksschaltung. Die Maschine wurde als Insterstate-Variante mit 25-Liter-Tank angeboten und als Roadster mit 11-Liter-Tank. Die Motorleistung wurde mit 51 PS angegeben.

OSSA Yankee 500

Ossa beschäftigte sich seit den 1950ern mit dem Motorradbau und baute 1967 die erste spanische GP-Rennmaschine, stieg dann aber auf Geländemaschinen um. Die Grundkonstruktion der 1977 auch in Deutschland verkauften Yankee geht zurück auf das Jahr 1967. Damals entstand auf Anregung des amerikanischen Ossa-Importeurs ein Zweitakttwin aus zwei Einzylindern mit gekoppelten Kurbelwellen. Der Rahmen wurde ebenfalls in den USA entworfen, beides zusammen ergab eine brauchbare Enduro für den US-Markt. Als die Produktion auslief, machten die Spanier 1973 daraus eine Straßenmaschine. Der Serienanlauf erfolgte aber erste 1977. Die Daten klangen vielversprechend: 58 PS bei 7500 Touren, und das bei einem Trockengewicht von 158 Kilo – die vom Werk angegebene Spitze von 185 km/h war wohl kaum übertrieben, dafür aber der Preis mit 7300 Mark.

Modell:	Ossa Yankee 500
Baujahr:	1977
Motor:	2-Zyl, 2-Takt
Hubraum (ccm):	498
Bohrung x Hub (mm):	72 x 60
Max. Leistung (kW/min):	43/7500
Max. Drehm. (Nm/min):	
Gemischaufbereitung:	Vergaser
Kraftübertragung:	6-Gang, Kette
Starter:	Kick
Fahrwerk:	Doppelrohr, Telegabel, Federbeine
Reifen v./h. (mm):	3.25-19/4.00-18
Federweg v./h. (mm):	140/130
Bremsen v./h. (mm):	Scheibe/Scheibe
Gewicht (kg):	158 (tr.)
Radstand (mm):	1410
Höchstgeschw. (km/h):	185

Sanglas 400 Y

Das spanische Unternehmen wurde 1951 in Barcelona gegründet und produzierte vor allem für den Binnenmarkt. Mitte der 70er begann zaghaft der Export, die Spanier hatten die Einzylinder-Viertakter zunächst nur für die einheimische Polizei gebaut. Zwischen Sanglas und Yamaha kam es 1978 zu einer Zusammenarbeit; die Sanglas 400 Y bildete die Kombination aus der Einzylinder-Maschine mit neuem Motor: Sie erhielt den Twin der XS 400, verwendete allerdings eigene Vergaser, die nicht besonders gut funktionierten. 1981 schließlich übernahmen die Japaner das Unternehmen ganz; Sanglas verschwand von der Bildfläche.

Modell:	Sanglas 400 Y
Baujahr:	1978
Motor:	2-Zyl., 4-Takt, ohc, 2V
Hubraum (ccm):	391
Bohrung x Hub (mm):	69 x 52,4
Max. Leistung (kW/min):	20/7100
Max. Drehm. (Nm/min):	28/5000
Gemischaufbereitung:	Vergaser
Kraftübertragung:	6-Gang, Kette
Starter:	Kick/Elektro
Fahrwerk:	Doppelschleifenr., Telegabel, Federbeine
Reifen v./h. (mm):	3.25-18/3.50-18
Federweg v./h. (mm):	135/95
Bremsen v./h. (mm):	2 x Scheibe 260/ Scheibe 260
Gewicht (kg):	177
Radstand (mm):	1400
Höchstgeschw. (km/h):	140

Suzuki T 250/ GT 250

Die Viertelliter-Baureihe wurde als T 250 erst 1972 in Deutschland angeboten und ging in ihren Grundzügen auf einen Entwurf von 1965 zurück. Für Vortrieb sorgte ein luftgekühlter Zweizylinder-Zweitakter mit Dreikanal-Schlitzsteuerung, Sechsgang-Getriebe und Leichtmetall-Zylinder mit eingezogener Laufbüchse aus Grauguss. Außerdem war diese Suzuki die erste mit Doppelschleifen-Rahmen anstelle des bis dahin üblichen Pressblechs. Auf die T 250 folgte 1973 die GT 250 mit Ram-Air-Lufthutze, die allerdings mit dem A-Modell (1976, hier im Bild) wieder entfiel. Im 27-PS-Vergleichstest des Jahres 1977 belegte die GT unter zehn Teilnehmern den vorletzten Platz: Nervöser Motor und hartes Fahrwerk passten nicht mehr in die Zeit.

Modell:	GT 250
Baujahr:	1973
Motor:	2-Takt, 2-Zyl.
Hubraum (ccm):	250
Bohrung x Hub (mm):	54 x 54
Max. Leistung (kW/min):	24/8000
Max. Drehm. (Nm/min):	28/6750
Gemischaufbereitung:	Vergaser
Kraftübertragung:	6-Gang, Kette
Starter:	Kick
Fahrwerk:	Doppelschleifenr., Telegabel, Federbeine
Reifen v./h. (mm):	2.75-18/3.00-18
Federweg v./h. (mm):	100/75
Bremsen v./h. (mm):	Trommel/Trommel
Gewicht (kg):	135
Radstand (mm):	1280
Höchstgeschw. (km/h):	160

Suzuki TS 250

Die TS 250 wurde 1969 in den USA vorgestellt und war wirklich kein schlechtes Motorrad. Die amerikanische Zeitschrift *cycle world* hatte die mit Getrenntschmierung versehene Enduro 1969 getestet und der 23-PS-Enduro ein überragendes Zeugnis ausgestellt: »Die beste japanische Maschine in der Viertelliter-Kategorie, die wir je im Test hatten«. Die TS wurde ab 1972 auch in Deutschland verkauft, wichtige Stationen der Modellpflege waren die desmodromische Vergasersteuerung (1976), der Zweirohrrahmen und der membrangesteuerte Motor (1977) sowie die neue Optik mit leicht gestiegener Leistung (1979), die der TS 250 das Kürzel ER bescherten.

Modell:	TS 250
Baujahr:	1972
Motor:	1-Zyl., 2-Takt.
Hubraum (ccm):	246
Bohrung x Hub (mm):	70 x 64
Max. Leistung (kW/min):	12/5500
Max. Drehm. (Nm/min):	21/5000
Gemischaufbereitung:	Vergaser
Kraftübertragung:	5-Gang, Kette
Starter:	Kick
Fahrwerk:	Einrohrr., Telegabel, Federbeine
Reifen v./h. (mm):	3.00-21/4.00-18
Federweg v./h. (mm):	120/100
Bremsen v./h. (mm):	Scheibe 125 / Trommel 125
Gewicht (kg):	128
Radstand (mm):	1400
Höchstgeschw. (km/h):	115

Suzuki GT 550/380

Modell:	GT 380
Baujahr:	1972
Motor:	3-Zyl., 2-Takt
Hubraum (ccm):	371
Bohrung x Hub (mm):	54 x 54
Max. Leistung (kW/min):	23,5/7500
Max. Drehm. (Nm/min):	38,5/7000
Gemischaufbereitung:	Vergaser
Kraftübertragung:	5-Gang, Kette
Starter:	Kick
Fahrwerk:	Doppelschleifenr., Telegabel, Federbeine
Reifen v./h. (mm):	3.00-19/3.50-18
Federweg v./h. (mm):	100/60
Bremsen v./h. (mm):	Scheibe 270 / Trommel 180
Gewicht (kg):	190
Radstand (mm):	1415
Höchstgeschw. (km/h):	170

Zwischen 1972 und 1980 bot der deutsche Suzuki-Importeur zwei bis auf den Hubraum praktisch baugleichen Modelle an. Entsprechend auch die Modellpflege, am wichtigsten war der Wechsel von der Trommel- zur Scheibenbremse 1973. Seit 1977 war die 380er mit 27 PS lieferbar; die Restbestände der 1978 eingestellten Modellreihe flossen über Großimporteure wie etwa Hein Gericke, zuletzt für 3998 Mark, ab. Die GT 550 war allem als Gegenstück zur 500er Zweitakt-Kawasaki konzipiert; der Dreizylinder hatte ein horizontal teilbares Kurbelgehäuse, Einzelzylinder und einen Zylinderkopf mit Ram-Air. Er leistete 48 PS und hatte einen Elektrostarter. Das Fünfganggetriebe ließ sich leicht und exakt schalten und bot einen guten Drehzahlanschluss, wollte aber flink sortiert werden. Fahrwerk, Rahmen und Ausstattung waren mit der GT 380 identisch.

Suzuki GT 750

Auf der 17. Tokio Motor Show im November 1970 stellte Suzuki den Prototyp eines neuen, großvolumigen Zweitaktmotorrads vor, das 1972 zur Auslieferung gelangtre. Das flüssigkeitsgekühlte Dreizylinder-Aggregat krönte mit einem Hubraum von 738 Kubik die Modellpalette. Der 52 PS starke Drilling bot viel Laufkultur und noch mehr Drehmoment (was ihm den Spitznamen »Wasserbüffel« eintrug. Wichtige technische Änderungen erfolgten 1973 (Doppelscheibe statt Doppel-Duplex vorn) und 1975 (Zylinderkopf). Der deutsche Suzuki-Tuner Böhme verkaufte Wasserbüffel-Exemplare mit 70 PS. Mit Erscheinen der GS 750 avancierte die GT zum Auslaufmodell.

Modell:	GT 750
Baujahr:	1972
Motor:	3-Zyl., 2-Takt
Hubraum (ccm):	738
Bohrung x Hub (mm):	70 x 64
Max. Leistung (kW/min):	46,3/6500
Max. Drehm. (Nm/min):	75/5500
Gemischaufbereitung:	Vergaser
Kraftübertragung:	5-Gang, Kette
Starter:	Kick
Fahrwerk:	Doppelschleifenr., Telegabel, Federbeine
Reifen v./h. (mm):	3.25-19/4.00-18
Federweg v./h. (mm):	110/60
Bremsen v./h. (mm):	Trommel/Trommel
Gewicht (kg):	251
Radstand (mm):	1455
Höchstgeschw. (km/h):	185

Suzuki GT 125

Entstanden in enger Anlehnung an die GT 185 und GT 250, waren Motor und Getriebe weitgehend baugleich, vom horizontal teilbaren Gehäuse und der vierfach rollengelagerten Kurbelwelle bis hin zur Getrenntschmierung und dem Ram-Air-Zylinderkopf. Trotz seines Leistungsmankos von 3 PS galt die GT als eines der besten Motorräder in der 17-PS-Klasse. Die 115 kg schwere Zweizylinder ließ sich flink wie ein Moped in die Kurven legen, die Sitzposition passte auch, und sogar die Sozia fand ein anständiges Plätzchen vor. Nach Einführung der GT 185 gingen die Verkaufszahlen, die allerdings nie sonderlich hoch gewesen waren, vollends zurück.

Modell:	GT 125
Baujahr:	1974
Motor:	2-Zyl., 2-Takt
Hubraum (ccm):	123
Bohrung x Hub (mm):	43 x 43
Max. Leistung (kW/min):	7,4/9500
Max. Drehm. (Nm/min):	12,7/9000
Gemischaufbereitung:	Vergaser
Kraftübertragung:	5-Gang, Kette
Starter:	Kick
Fahrwerk:	Einrohrr., Telegabel, Federbeine
Reifen v./h. (mm):	2.75-18/3.00-18
Federweg v./h. (mm):	120/100
Bremsen v./h. (mm):	Scheibe 160 / Trommel 130
Gewicht (kg):	115
Radstand (mm):	1230
Höchstgeschw. (km/h):	130

Suzuki RE-5

Suzukis RE-5, das erste japanische Wankelmotorrad, wurde zur IFMA 1974 vorgestellt und hatte einen eigenes entwickelten Einscheiben-Kreiskolbenmotor. Sein Kammervolumen wurde auf 497 cm³ beziffert, einige Länder wie Italien stuften die RE dagegen in die Kategorie der 900er BMW und Kawasaki ein, was der Wankel schon vor Exportbeginn alle Chancen nahm. Abgesehen von ventillosen Motor geriet der Rest der Maschine ziemlich konventionell. Fahrfertig wog sie 260 Kilo, die Motorleistung lag bei 63 PS bei 6.500/min. Das war schon damals kein ausgesprochener Spitzenwert, sowohl die CB 750 als auch die GT 750 waren schneller. Dafür begeisterten Vibrationsarmut, Durchzug in unteren Drehzahlen und Laufkultur. Nicht mehr als 60 Wankel-Suzuki fanden den Weg nach Deutschland.

Modell:	Suzuki RE-5
Baujahr:	1974
Motor:	Einscheiben-Wankel
Hubraum (ccm):	487
Bohrung x Hub (mm):	
Max. Leistung (kW/min):	46/6500
Max. Drehm. (Nm/min):	76/3500
Gemischaufbereitung:	Vergaser
Kraftübertragung:	6-Gang, Kette
Starter:	Elektro
Fahrwerk:	Doppelschleifenr., Telegabel, Federbeine
Reifen v./h. (mm):	3.25-19/4.00-18
Federweg v./h. (mm):	100/175
Bremsen v./h. (mm):	2 x Scheibe / Trommel
Gewicht (kg):	260
Radstand (mm):	1500
Höchstgeschw. (km/h):	175

Suzuki GT 185/X5

Modell:	GT 185
Baujahr:	1976
Motor:	2-Zyl., 2-Takt
Hubraum (ccm):	184
Bohrung x Hub (mm):	49 x 49
Max. Leistung (kW/min):	13/8000
Max. Drehm. (Nm/min):	16,5/7000
Gemischaufbereitung:	Vergaser
Kraftübertragung:	5-Gang, Kette
Starter:	Kick
Fahrwerk:	Einrohrr., Telegabel, Federbeine
Reifen v./h. (mm):	2.75-18/3.00-18
Federweg v./h. (mm):	110/90
Bremsen v./h. (mm):	Scheibe 160 / Trommel 130
Gewicht (kg):	131
Radstand (mm):	1310
Höchstgeschw. (km/h):	127

Ab 1977 erfolgte die Versicherungseinstufung nicht mehr nach Hubraum, sondern nach Leistung; die GT 185 fügte sich mit 16,6 PS exakt in die 17-PS-Klasse ein (nach der Homologation standen in den deutschen Papieren allerdings wieder nur 15 PS). Fahrfertig brachte die GT 131 kg auf die Waage, die Fahrleistungen waren mit knapp 130 km/h sehr gut. Den Fahrwerten gewachsen zeigte sich das Fahrwerk mit seinem Einschleifen-Rohrrahmen; verzögert wurde über eine bissig zupackende Einscheiben-Bremsanlage vorn. Zwischen 1976 und 1978 wurde der kleine Zweitakter hierzulande verkauft, ihr folgte die GT 200 X5. Im Stil der X7, sah die 17 PS-Maschine richtig erwachsen aus und ließ sich eigentlich nur durch die Aufschrift am Seitendeckel von der X7 unterscheiden, hatte aber, im Gegensatz zu dieser, Kolbensteuerung.

Suzuki GS 400/750

Modell:	GS 750
Baujahr:	1976
Motor:	4-Zyl., 4-Takt, dohc, 2V
Hubraum (ccm):	748
Bohrung x Hub (mm):	65 x 56,4
Max. Leistung (kW/min):	46/8800
Max. Drehm. (Nm/min):	52/8100
Gemischaufbereitung:	Vergaser
Kraftübertragung:	5-Gang, Kette
Starter:	Kick/Elektro
Fahrwerk:	Doppelschleifenr., Telegabel, Federbeine
Reifen v./h. (mm):	3.25-19/4.00-18
Federweg v./h. (mm):	140/80
Bremsen v./h. (mm):	2 x Scheibe 300 / Scheibe 300
Gewicht (kg):	253
Radstand (mm):	1490
Höchstgeschw. (km/h):	190

Die Premiere der ersten Suzuki-Viertakter erfolgte zur IFMA 1976, der Serienanlauf dann im Dezember. Der Dohc-Motor – Ventilbetätigung über Tassenstößel – verfügte über eine zahnradgetriebene Ausgleichswelle und Sechsgang-Getriebe. Es gab ihn mit zwei- und vier Zylindern. Die zweizylindrige GS 400 hatte zunächst Speichenräder und 34 PS, ab Mai 1977 dann 27 PS. Sie, wie auch die 750er-Vierzylinder, setzten Maßstäbe, insbesondere die GS 750 galt als ganz großer Wurf: Sie brillierte in Handling, Fahrleistungen und Spurtkraft und war mit einer Beschleunigung von 4,5 Sekunden bis zur 100 km/h-Marke schneller als jeder andere 750er jener Zeit. Bis zur Ablösung 1980 erfolgte praktisch keinerlei Modellpflege, abgesehen von der für 1979 getätigten Umstellung auf Gussräder und neue Dekore (E-Modelle).

Suzuki GS 500/550

Modell:	GS 550
Baujahr:	1977
Motor:	4-Zyl., 4-Takt, dohc, 2V.
Hubraum (ccm):	549
Bohrung x Hub (mm):	56 x 55,8
Max. Leistung (kW/min):	36/9000
Max. Drehm. (Nm/min):	40,2/7500
Gemischaufbereitung:	Vergaser
Kraftübertragung:	6-Gang, Kette
Starter:	Kick/Elektro
Fahrwerk:	Doppelschleifenr., Telegabel, Federbeine
Reifen v./h. (mm):	3.25-19/3.75-18
Federweg v./h. (mm):	150/85
Bremsen v./h. (mm):	2 x Scheibe 275 / Scheibe 275
Gewicht (kg):	225
Radstand (mm):	1435
Höchstgeschw. (km/h):	180

Um die Lücke zwischen der 400er und der 750er zu schließen, lancierte Suzuki im März 1977 eine verkleinerte Ausgabe der 750er. Die nunmehrige GS 550 unterschied sich in der Triebwerkskonfiguration und der anderen Vergaserbestückung – 22er Mikuni-Rundschiebervergaser statt solcher mit 26er Durchlass – von der größeren Schwester. Auch Radstand und Lenkkopfwinkel waren gegenüber der 750er geändert worden. Nach Deutschland gelangten die ersten der 49 PS starken Modelle im Juni 1977 mit Speichenrädern und Doppelscheiben vorn. 1979, mit Einführung der Gussfelgen (E-Modell), drehte sich auch im Hinterrad eine Scheibe. Kurz vor Anbruch des neuen Jahrzehnts erschien dann noch mit der L-Version der obligatorische Softchopper. Die Mittelklasse-Maschine stand noch bis 1984 im Programm. Die GS 500 E als kleinster Suzuki-Vierzylinder kam mit 27 PS 1979 nach Deutschland. Nur der Schriftzug auf dem Seitendeckel (und das Kolbenmaß) unterschieden die beiden Halbliter-Suzis voneinander.

Suzuki GS 1000

Zum größten Konkurrenten der GS 750 sollte sich die Einliter-GS entwickeln. Ab Frühjahr 1978 lieferbar, entsprachen Optik und Technik bekannten Mustern. Eine Ausnahme bildete das Fahrwerk, das stabiler ausfiel als das der 750er: Stärkere Gabel und längere Schwinge verbesserten die Spurhaltung, die breitern Reifen brachten die 90 PS sicher auf den Asphalt. Mit Einführung der E-Modelle erhielt die Modellreihe Luftunterstützung für Gabel und Federbeine. Diese Features wies auch die 1979 verkaufte S-Variante mit hübscher, blauweißer Lackierung, einem Cockpit mit Zeituhr und Voltmeter sowie zweifarbigem Kunstoff-Kotflügel auf. Die Maschine sollte an den Sieg in der amerikanischen AMA-Superbike-Meisterschaft 1978 erinnern.

Modell:	Suzuki GS 1000 S
Baujahr:	1978
Motor:	4-Zyl., 4-Takt, dohc, 2V.
Hubraum (ccm):	997
Bohrung x Hub (mm):	70 x 64,8
Max. Leistung (kW/min):	66/8200
Max. Drehm. (Nm/min):	83,6/6500
Gemischaufbereitung:	Vergaser
Kraftübertragung:	5-Gang, Kette
Starter:	Elektro
Fahrwerk:	Doppelschleifenr., Telegabel, Federbeine
Reifen v./h. (mm):	3.25-19/4.50-17
Federweg v./h. (mm):	160/95
Bremsen v./h. (mm):	2 x Scheibe 275 / Scheibe 275
Gewicht (kg):	257
Radstand (mm):	1505
Höchstgeschw. (km/h):	220

Suzuki GT 250 X7

Im IFMA-Jahr 1978 präsentierte Suzuki mit der neuen GT 250/X7 eine neue Generation von Zweitaktern, die den Gasdurchsatz über ein Reed-Ventil regulierte, was für eine kultiviertere und gleichmäßigere Kraftentfaltung sorgte. Verwertbare Leistung stand schon ab 3000/min zur Verfügung. Mit der X7 brachte Suzuki das leichteste und schnellste Viertelliter-Motorrad auf die Straße. Das Kampfgewicht lag gerademal bei 160 Kilo, entsprechend auch die Spitze von rund 150 km/h (der Tacho ging allerdings heftig vor und zeigte über 160 an).

Modell:	GT 250 X7
Baujahr:	1979
Motor:	2-Zyl., 2-Zyl.
Hubraum (ccm):	247
Bohrung x Hub (mm):	54 x 54
Max. Leistung (kW/min):	20/8000
Max. Drehm. (Nm/min):	24,5/7700
Gemischaufbereitung:	Vergaser
Kraftübertragung:	5-Gang, Kette
Starter:	Kick
Fahrwerk:	Einrohrr., Telegabel, Federbeine
Reifen v./h. (mm):	3.00-18/3.50-18
Federweg v./h. (mm):	120/70
Bremsen v./h. (mm):	Scheibe 250 / Trommel 160
Gewicht (kg):	160
Radstand (mm):	1310
Höchstgeschw. (km/h):	154

Suzuki GS 850 G

Die erste Kardan-Suzuki überhaupt entstand auf Drängen des damaligen deutschen Importeurs. Zwei Millionen Mark kostete die Entwicklung dieser Vierzylinder »Made for Germany«, und anscheinend war jede Mark gut angelegt. Trotz des üppigen Gewichtes von 273 kg umrundete das Dickschiff winklige Strecken wie auf Schienen, und der Wellenantrieb war so gut gelungen, dass jeder BMW-Fahrer vor Neid ganz grün werden musste. Beim Motor handelte es sich um einen aufgebohrten 750er-Vierling, seine Leistung lag bei 78 PS. Gab es später auch als Softchopper.

Modell:	Suzuki GS 850 G
Baujahr:	1979
Motor:	4-Zyl., 4-Takt, dohc, 2V.
Hubraum (ccm):	843
Bohrung x Hub (mm):	69 x 56,4
Max. Leistung (kW/min):	57/9000
Max. Drehm. (Nm/min):	63/8000
Gemischaufbereitung:	Vergaser
Kraftübertragung:	5-Gang, Kardan
Starter:	Kick/Elektro
Fahrwerk:	Doppelschleifenr., Telegabel, Federbeine
Reifen v./h. (mm):	3.50-19/4.50-17
Federweg v./h. (mm):	160/105
Bremsen v./h. (mm):	2 x Scheibe 270 / Scheibe 270
Gewicht (kg):	273
Radstand (mm):	1500
Höchstgeschw. (km/h):	205

Suzuki GSX 1100

Modell:	Suzuki GSX 1100 E
Baujahr:	1980
Motor:	4-Zyl., 4-Takt, dohc, 4V.
Hubraum (ccm):	1075
Bohrung x Hub (mm):	72 x 66
Max. Leistung (kW/min):	74/8700
Max. Drehm. (Nm/min):	85/6500
Gemischaufbereitung:	Vergaser
Kraftübertragung:	5-Gang, Kette
Starter:	Elektro
Fahrwerk:	Doppelschleifenr., Telegabel, Federbeine
Reifen v./h. (mm):	3.50-19/4.50-17
Federweg v./h. (mm):	160/108
Bremsen v./h. (mm):	2 x Scheibe 280 / Scheibe 280
Gewicht (kg):	259
Radstand (mm):	1520
Höchstgeschw. (km/h):	220

Die GSX-Typen, die Weiterentwicklung der GS-Modelle mit Vierventil-Zylinderköpfen, wurden zwar zum Ende des Jahrzehnts präsentiert, sind aber eigentlich schon Kinder der 80er Jahre. Sie stehen in ihrer eckigen Linienführung für den radikalen Stylingwechsel im Motorradbau des nächsten Jahrzehnts: Weg vom klassischen Motorradbild, hin zu moderneren, modischeren Formen und immer hektischeren Modellzyklen.

Viele Suzuki-Fahrer jedenfalls taten sich schwer mit dem neuen, sehr bulligen Auftritt ihrer Marke, und auch der klobige Rechteckscheinwerfer mit dem darauf thronenden Instrumentenbord verbesserte die Optik nur bedingt. Am technischen Paket dagegen gab es nichts zu meckern: Der GSX-Motor mit seiner speziellen Brennraumform und Vierventiltechnik setzte Maßstäbe.

Triumph Tiger/Bonneville

Modell:	Triumph Tiger 750
Baujahr:	1979
Motor:	2-Zyl, 4-Takt, ohv, 2V
Hubraum (ccm):	744
Bohrung x Hub (mm):	76 x 82
Max. Leistung (kW/min):	33/6000
Max. Drehm. (Nm/min):	56,7/5000
Gemischaufbereitung:	Vergaser
Kraftübertragung:	5-Gang, Kette
Starter:	Kick
Fahrwerk:	Doppelschleifenr., Telegabel, Federbeine
Reifen v./h. (mm):	4.10-19/4.10-18
Federweg v./h. (mm):	155/88
Bremsen v./h. (mm):	Scheibe 254 / Scheibe 254
Gewicht (kg):	197
Radstand (mm):	1422
Höchstgeschw. (km/h):	172

Wer Triumph sagte, meinte Tiger: Ein etwas eigenwilliges, nicht mehr ganz taufrisches Zweizylinderkonzept, das nur in der Wolle gefärbte Enthusiasten zu begeistern wusste. Die Konstruktion basierte auf einem Entwurf von 1937 und war nun wirklich nicht modern. Eine Ventilbetätigung per Stoßstangen wirkte zu einer Zeit, als nahezu jeder Motor obenliegende Nockenwellen aufwies, nachgerade anachronistisch. Außerdem war auch das Chassis nicht mehr besonders fortschrittlich. Vorn mühte sich eine sehr primitive Trommelbremse mit den gut 200 Kilo der Maschine ab. Ein Elektroanlasser fehlte, nach alter Väter Sitte wollte der Motor mit Kickstarter zum Leben erweckt werden. Die deutschen Importeure verkauften in aller Regel nur den Zweizylinder in seinen verschiedenen Erscheinungsformen; die dreizylindrige Trident stand nur kurzzeitig im Programm.

Van Veen OCR 1000

Modell:	Van Veen OCR 1000
Baujahr:	1978
Motor:	Wankel
Hubraum (ccm):	2 x 498
Bohrung x Hub (mm):	-
Max. Leistung (kW/min):	74/6500
Max. Drehm. (Nm/min):	135/2500
Gemischaufbereitung:	Vergaser
Kraftübertragung:	4-Gang, Kardan
Starter:	Elektro
Fahrwerk:	Doppelschleifenr., Telegabel, Federbeine
Reifen v./h. (mm):	3.50-18/130/80-18
Federweg v./h. (mm):	165/110
Bremsen v./h. (mm):	2 x Scheibe 280 / Scheibe 280
Gewicht (kg):	330
Radstand (mm):	1525
Höchstgeschw. (km/h):	212

Hendrik van Veen begann Anfang der Siebziger mit den Vorarbeiten für ein eigenes Motorrad mit Wankel-Motor. Für seine Konstruktion wählte der größte Kreidler-Importeur den Kreiskolbenmotor KKM Motor 624/2 aus, gebaut bei Comotor im Saarland. Diese Firma war eine Gemeinschaftsgründung von Citroën und Audi-NSU und lieferte den OCR-Motor mit 996 ccm und einer Leistung von 100 PS. Diesen Motor setzte der Niederländer 1974 in einen stilsicher gezeichneten Prototypen, der ab 1977 in einer Fabrik in Niedersachsen gebaut werden sollte. Nachdem Comotor 1978 aber den Bau von Kreiskolben-Motoren aufgab, war auch das OCR-Projekt am Ende: Bis Ende 1978 waren nicht mehr als 50 Exemplare gebaut worden, einige davon auch mit Verkleidung – und die Motorrad-Szene der Siebziger war wieder um eine Utopie ärmer.

Yamaha TX 750

Zum Jahresende 1972 zeigte Yamaha in Tokio die TX 750, die die Nachfolge der GL 750 antreten sollte. Dabei handelte es sich um luftgekühlten Zweizylinder-Viertakter, einen Paralleltwin mit zwei kettengetriebenen Ausgleichswellen. Die Optik entsprach der im Vorjahr gezeigten GL 750. Auf dem Papier 63 PS stark und damit Hondas CB 750 ebenbürtig, war die TX 750 das glückloseste Motorrad der Yamaha-Geschichte. Nach zahlreichen Motorschäden (die in der zweiten, von Porsche mit überarbeiteten Serie nicht mehr vorkamen) zog Yamaha die Notbremse und nahm den Twin mit dem ramponierten Ruf 1974 aus dem Programm.

Modell:	Yamaha TX 750
Baujahr:	1972
Motor:	2-Zyl., 4-Takt, ohc, 2V.
Hubraum (ccm):	743
Bohrung x Hub (mm):	80 x 74
Max. Leistung (kW/min):	46/6500
Max. Drehm. (Nm/min):	70/6000
Gemischaufbereitung:	Vergaser
Kraftübertragung:	5-Gang, Kette
Starter:	Kick/Elektro
Fahrwerk:	Doppelschleifenr., Telegabel, Federbeine
Reifen v./h. (mm):	3.25-19/4.00-18
Federweg v./h. (mm):	120/80
Bremsen v./h. (mm):	2 x Scheibe 300 / Trommel 180
Gewicht (kg):	240
Radstand (mm):	1455
Höchstgeschw. (km/h):	185

Yamaha RD 250/350

Modell:	Yamaha RD 250
Baujahr:	1973
Motor:	2-Zyl., 2-Takt.
Hubraum (ccm):	247
Bohrung x Hub (mm):	54 x 54
Max. Leistung (kW/min):	23,5/8000
Max. Drehm. (Nm/min):	28,5/8000
Gemischaufbereitung:	Vergaser
Kraftübertragung:	6-Gang, Kette
Starter:	Kick
Fahrwerk:	Doppelschleifenr., Telegabel, Federbeine
Reifen v./h. (mm):	3.00-18/3.50-18
Federweg v./h. (mm):	116/80
Bremsen v./h. (mm):	Scheibe 270 / Trommel 180
Gewicht (kg):	158
Radstand (mm):	1320
Höchstgeschw. (km/h):	160

Die RD-Typen von 1973 unterschieden sich in erster Linie durch die Siebenkanal-Zylinder und den Membraneinlass von den DS-Typen. Für die Kraftübertragung sorgte ein Sechsganggetriebe, dessen oberste Fahrstufe aus zulassungsrechtlichen Gründen in Deutschland zunächst gesperrt war. Die RD verfügte über eine hydraulische Scheibenbremse am Vorderrad wie auch einen neuen Rahmen. Wichtige technische Änderungen gab es für 1976: Nachdem bereits im Vorjahr der sechste Gang freigegeben und die Leistung auf 32 PS gestiegen war, stattete Yamaha seine RD mit einer hinteren Scheibenbremse aus. Dazu kamen ein neues Tankdesign sowie, ab 1977, Gussräder. Zur neuen Zweitakt-Generation von 1973 gehörte natürlich auch wieder eine 350er. Sie leistete stolze 39 PS, als Production-Racer TR-3 kam sie auf 54 PS bei 9000/min.

Yamaha DT 400/MX

Modell:	Yamaha DT 400
Baujahr:	1972
Motor:	1-Zyl., 2-Takt.
Hubraum (ccm):	397
Bohrung x Hub (mm):	70 x 85
Max. Leistung (kW/min):	17,5/7000
Max. Drehm. (Nm/min):	25/6000
Gemischaufbereitung:	Vergaser
Kraftübertragung:	5-Gang, Kette
Starter:	Kick
Fahrwerk:	Doppelschleifenr., Telegabel, Federbeine
Reifen v./h. (mm):	3.00-21/4.00-18
Federweg v./h. (mm):	140/80
Bremsen v./h. (mm):	Trommel 180 / Trommel 180
Gewicht (kg):	141
Radstand (mm):	1410
Höchstgeschw. (km/h):	125

Nach kaum zwei Jahren ersetzte Enduro-Pionier Yamaha die DT 360 durch die hubraumstärkere, aber ansonsten identische DT 400, löste diese aber 1976 durch die DT 400 MX ab. Kennzeichen der MX-Enduros war das in Crosswettbewerben bewährte Cantilever-Federsystem. Das einzelne Federbein saß zwischen den oberen Rahmenrohren sowie unterhalb des Tanks und sollte helfen, Straßenunebenheiten besser zu meistern. Das Fahrverhalten der ab 1977 ausgelieferten MX-Modelle war dem der Konkurrenz mit Stereo-Chassis haushoch überlegen. Die DT 400 MX als hubraumstärkste Zweitakt-Enduro stand bis 1981 mit 17 oder 21 PS im Programm; die letzten Modelle hatten eine vorverlegte Achsaufnahme, was längere Federwege ermöglichte. Überdies traten Alu-Felgen an die Stelle der Stahlfelgen.

Yamaha RD 200/DX

Die RD 200 wurde seit 1973 gebaut, nach Deutschland kam sie 1975. Optisch und technisch war sie von den größeren RD 250/350 kaum zu unterscheiden. Fahrfertig brachte die 22 PS starke RD 132 Kilo auf die Waage, das Fahrwerk bot nur Mittelmaß. Der unten offene Einrohrrahmen, die schwach ausgelegte Schwinge und die früh aufsetzenden, starren Fußrasten waren scharf zu kritisieren. Einhelliges Lob dagegen kassierte die Bremsanlage; die DX-Version von 1976 verfügte über eine hervorragende vordere Scheibenbremse. Ab 1977 wurde die 200er ausschließlich mit 17 PS ausgeliefert und erhielt eine neue Optik; 1978 kam es zu leichten Fahrwerks-Modifikationen (Guss- statt Speichenräder, Bremse). Die Maschinen wurden bis 1980 ausgeliefert.

Modell:	Yamaha RD 200/DX
Baujahr:	1975
Motor:	2-Zyl., 2-Takt.
Hubraum (ccm):	195
Bohrung x Hub (mm):	52 x 46
Max. Leistung (kW/min):	12,5/7500
Max. Drehm. (Nm/min):	16,8/7000
Gemischaufbereitung:	Vergaser
Kraftübertragung:	5-Gang, Kette
Starter:	Kick
Fahrwerk:	Einrohrr., Telegabel, Federbeine
Reifen v./h. (mm):	3.00-21/4.00-18
Federweg v./h. (mm):	100/70
Bremsen v./h. (mm):	Scheibe 260 / Trommel 145
Gewicht (kg):	132
Radstand (mm):	1245
Höchstgeschw. (km/h):	120

Yamaha XS 650

Modell:	Yamaha XS 650
Baujahr:	1977
Motor:	2-Zyl., 4-Takt, ohc, 2V.
Hubraum (ccm):	653
Bohrung x Hub (mm):	75 x 74
Max. Leistung (kW/min):	37/6800
Max. Drehm. (Nm/min):	54/5600
Gemischaufbereitung:	Vergaser
Kraftübertragung:	5-Gang, Kette
Starter:	Kick/Elektro
Fahrwerk:	Doppelschleifenr., Telegabel, Federbeine
Reifen v./h. (mm):	3.25-19/4.00-18
Federweg v./h. (mm):	120/80
Bremsen v./h. (mm):	2 x Scheibe 267 / Trommel 180
Gewicht (kg):	230
Radstand (mm):	1435
Höchstgeschw. (km/h):	173

Auf der Tokio Motor Show 1969 präsentierte Yamaha die XS-1, das erste Viertaktmodell der Marke. Der Paralleltwin stellte eine vollständige Neukonstruktion dar. Nach Europa gelangte die XS-1 erst 1970, der Deutschlandverkauf begann mit der XS-2 (Scheibe vorn) im Spätjahr 1971, endete aber bereits wieder 1972. Sie kam wieder im Mai 1975 als XS 650 B und löste die TX 750 ab. Sie wog nun 225 kg, verfügte über eine Doppelscheiben-Bremsanlage, einen 15-Liter-Tank, neue Instrumente und die Alu-Hochschulterfelgen der TX 750. Wegen der neuen Versicherungsregelung rollte die 76er-Auflage – Kennbuchstabe C – dann mit 50 PS nach Deutschland. Die XS 650 D von 1977 erhielt die Doppelscheiben-Bremsanlage aus der XS 750 sowie Modifikationen an Gabel, Instrumenten und Bedienelementen. Sie kostete 5598 Mark und brachte satte 230 Kilo auf die Waage. Die letzten K-Modelle (die sich technisch nicht von der D unterschieden) verließen 1983 das Band; rund 7.500 Maschinen waren in Deutschland verkauft worden.

Yamaha RD 400

An die Stelle der RD 350 trat 1976 die RD 400, die mit 43 PS geliefert wurde. Im Fahrbetrieb selbst war vom gestiegenen Hubraum – und den zusätzlichen 3 PS – nur wenig spürbar, was an dem auf über 170 Kilogramm gestiegenen Gewicht lag. Markantestes Unterscheidungsmerkmal der in wesentlichen Teilen neu gezeichneten Maschine waren die erstmals verwendeten Gussräder. 1978 unterzog Yamaha seine Mittelklasse-Maschine einer gründlichen Revision, die neben einer neuen Optik auch tiefgreifende Motor-Modifikationen umfasste. Dazu gehörte eine auf 6 zu 1 zurückgenommene Verdichtung, eine kontaktlose Zündung und andere Feinarbeiten. An der Motorleistung änderte sich dagegen nichts.

Modell:	Yamaha RD 400
Baujahr:	1976
Motor:	2-Zyl., 2-Takt.
Hubraum (ccm):	399
Bohrung x Hub (mm):	64 x 62
Max. Leistung (kW/min):	32/7500
Max. Drehm. (Nm/min):	43/6800
Gemischaufbereitung:	Vergaser
Kraftübertragung:	6-Gang, Kette
Starter:	Kick
Fahrwerk:	Doppelschleifenr., Telegabel, Federbeine
Reifen v./h. (mm):	3.00-18/3.50-18
Federweg v./h. (mm):	140/80
Bremsen v./h. (mm):	Scheibe 260 / Scheibe 260
Gewicht (kg):	175
Radstand (mm):	1330
Höchstgeschw. (km/h):	170

Yamaha XS 250/360

Die zur IFMA 1976 präsentierte XS 360 galt auf Anhieb als Volltreffer. Offen 34 PS stark, erfolgte die Drosselung des Paralleltwins vermittels einer anderen Nockenwelle. Da die Yamaha-Konstruktion keine Ausgleichwelle vorzuweisen hatte, entwickelte sie aber über den gesamten Drehzahlbereich merkliche Vibrationen. In punkto Höchstgeschwindigkeit konnte die XS mithalten, über 130 km/h waren absolut klassenüblich. Nur Gutes zu berichten wussten die Tester vom Fahrwerk, einem soliden Doppelrohrrahmen und den ausgezeichneten Stoppern: Scheibenbremsen vorn wie hinten bot kein anderer Konkurrent in der 27-PS-Liga. Gab es auch als XS 250 für die 17-PS-Klasse.

Modell:	Yamaha XS 360
Baujahr:	1976
Motor:	2-Zyl., 4-Takt, ohc, 2V.
Hubraum (ccm):	353
Bohrung x Hub (mm):	66 x 52,4
Max. Leistung (kW/min):	20/8000
Max. Drehm. (Nm/min):	26,2/6800
Gemischaufbereitung:	Vergaser
Kraftübertragung:	6-Gang, Kette
Starter:	Kick/Elektro
Fahrwerk:	Zentralrohrr., Telegabel, Federbeine
Reifen v./h. (mm):	3.00-18/3.50-18
Federweg v./h. (mm):	140/80
Bremsen v./h. (mm):	Scheibe 267 / Scheibe 267
Gewicht (kg):	178
Radstand (mm):	1335
Höchstgeschw. (km/h):	135

Yamaha XT 500

Wer Mitte der Ende der 70er Jahre eine alltagstaugliche Enduro mit eigenständigem Charakter suchte, kam an der XT 500 nicht vorbei. Yamaha, der Spezialist in Sachen Geländemotorrad, hatte mit der XT erstmals einen Viertakt-Crosser im Programm. Das pfiffig gestylte, nur 155 kg schwere Geländemotorrad verfügte über einen kräftigen ohc-Einzylinder, der muntere Fahrleistungen ermöglichte. Neben dem urigen Motor war es vor allem auch die Startprozedur per Kickstarter, die den Mythos der XT als Motorrad für echte Kerle begründete. Ende 1975 wurde sie in Las Vegas vorgestellt, die deutsche XT-Version wurde erst zur IFMA 1976 in Köln gezeigt. Die Nachfrage war gewaltig, daher wurden zunächst US-Modelle importiert. Die Drosselung von 33 auf 27 PS erfolgte über eine Reduzierblende im Ansaugstutzen.

Modell:	Yamaha XT 500
Baujahr:	1976
Motor:	1-Zyl., 4-Takt, ohc, 2V.
Hubraum (ccm):	499
Bohrung x Hub (mm):	87 x 84
Max. Leistung (kW/min):	20/5900
Max. Drehm. (Nm/min):	37,1/5100
Gemischaufbereitung:	Vergaser
Kraftübertragung:	5-Gang, Kette
Starter:	Kick
Fahrwerk:	Zentralrohrr., Telegabel, Federbeine
Reifen v./h. (mm):	3.25-21/4.00-18
Federweg v./h. (mm):	195/110
Bremsen v./h. (mm):	Trommel 160 / Trommel 150
Gewicht (kg):	155
Radstand (mm):	1415
Höchstgeschw. (km/h):	135

Yamaha XS 750

Flaggschiff der Yamaha-Modellpalette des Jahres 1976 war die brandneue XS 750 mit Reihen-Dreizylinder-Viertakter und doppelten, oben liegenden Nockenwellen. Die Kraftübertragung erfolgte per Kardanwelle und war mit Porsche-Hilfe entwickelt worden. Bestnoten verdienten auch der neu gezeichnete Doppelschleifen-Rohrrahmen und die Dreischeiben-Bremsanlage. Zur IFMA 1978 folgte dann eine an Zylinderkopf, Auspuff, Luftfilter und Brennräumen modifizierte Ausführung, die nunmehrige XS 750 E leistete 74 PS. Dazu kam ein straffer ausgelegtes Fahrwerk; ein schwerer Brocken, der mit Nachdruck um die Kurven gezwungen werden wollte, blieb sie dennoch. Im Jahr darauf ersetzte ein 24-Liter-Tank den bisherigen 17-Liter-Behälter und der Kickstarter fiel weg. Das Leergewicht stieg auf 263 Kilo.

Modell:	Yamaha XS 750
Baujahr:	1976
Motor:	3-Zyl., 4-Takt, dohc, 2V.
Hubraum (ccm):	747
Bohrung x Hub (mm):	68 x 68,5
Max. Leistung (kW/min):	46/7500
Max. Drehm. (Nm/min):	64,5/6000
Gemischaufbereitung:	Vergaser
Kraftübertragung:	5-Gang, Kardan
Starter:	Kick/Elektro
Fahrwerk:	Doppelschleifenr., Telegabel, Federbeine
Reifen v./h. (mm):	3.25-19/4.00-18
Federweg v./h. (mm):	175/75
Bremsen v./h. (mm):	2 x Scheibe 265 / Scheibe 265
Gewicht (kg):	260
Radstand (mm):	1465
Höchstgeschw. (km/h):	185

DT 177/250 MX

Modell:	Yamaha DT 175
Baujahr:	1977
Motor:	1-Zyl., 2-Takt.
Hubraum (ccm):	171
Bohrung x Hub (mm):	66 x 50
Max. Leistung (kW/min):	11/7500
Max. Drehm. (Nm/min):	16/6500
Gemischaufbereitung:	Vergaser
Kraftübertragung:	6-Gang, Kette
Starter:	Kick
Fahrwerk:	Doppelschleifenr., Telegabel, Zentralfederbein
Reifen v./h. (mm):	2.75-21/3.50-18
Federweg v./h. (mm):	180/145
Bremsen v./h. (mm):	Trommel 130 / Trommel 130
Gewicht (kg):	135
Radstand (mm):	1350
Höchstgeschw. (km/h):	135

Wie schon die größeren Enduro-Geschwister wurde die DT 175 (die es auch als 250 MX gab) ursprünglich nicht speziell für den deutschen Markt konzipiert. Nach Neuordnung der Versicherungsklassen klaffte aber im nunmehrigen 17-PS-Segment eine große Lücke, und die wollte Yamaha mit dieser 175er schließen. In Aufbau und Technik entsprach der Neuzugang den bereits bekannten MX-Enduros, daher bot auch das Fahrverhalten keine Überraschungen: Mangelnde Federwege und eine zu weich abgestimmte Gabel setzten dem Geländespaß enge Grenzen. Zum Modelljahr 1980 erhielt die MX eine umfangreiche Modellpflege, unter anderem mit neuer Cantilver-Schwinge aus Rechteck-Stahl, neuem Auspuff und geändertem Luftfilter. Dadurch entwickelte der Zweitakter in mittleren Drehzahlregionen deutlich mehr Dampf.

Yamaha XS 250/400

Modell:	Yamaha XS 400
Baujahr:	1978
Motor:	2-Zyl., 4-Takt, ohc, 2V.
Hubraum (ccm):	386
Bohrung x Hub (mm):	69 x 52,4
Max. Leistung (kW/min):	20/8100
Max. Drehm. (Nm/min):	28,1/5400
Gemischaufbereitung:	Vergaser
Kraftübertragung:	6-Gang, Kette
Starter:	Kick/Elektro
Fahrwerk:	Zentralrohrr., Telegabel, Federbeine
Reifen v./h. (mm):	3.00-18/3.75-18
Federweg v./h. (mm):	140/80
Bremsen v./h. (mm):	Scheibe 267 / Trommel 160
Gewicht (kg):	182
Radstand (mm):	1380
Höchstgeschw. (km/h):	134

Parallel zur XS 360 hatte Yamaha auch eine 250er lanciert, und so hielt man es auch beim Modellwechsel 1978: Mit der neuen 400er kam auch eine überarbeitete 250er. Die Weiterentwicklung der bisherigen XS 360 beschränkte sich im Wesentlichen, neben dem Hubraumzuwachs, auf eine neue Vergaserbestückung. Die maximale Leistung von 27 PS stand bereits bei 7100/min an; das Drehmoment-Maximum von 29 Nm lag bei 5200 Touren. Im Ausland leistete die XS 38 PS. Praktisch unverändert zeigte sich das Fahrwerk; die Gussräder waren von Anfang an obligatorisch. Für das Modelljahr 1979 kam ein von elf auf 16 Liter vergrößerter Tank, außerdem wich die hintere Scheibenbremse einer Trommelbremse; es änderte sich die Hinterrad-Bereifung (3.75 S 18 statt 3.50 S 18), und außerdem wurde eine längere Schwinge verbaut.

Yamaha SR 500

Diese Maschine wurde Kult: Die SR 500 erinnerte an die britischen Motorradklassiker der 50er und debütierte Ende 1977 in Paris. Merkmal dieses offen 31 PS starken Dampfhammers waren das große 19 Zoll-Vorderrad, die schwarzrote Lackierung und der riesige Scheinwerfer mit verchromtem Lampentopf. Anders als der XT-Single erhielt der SR-Motor eine 12-Volt-Elektrik und Kondensatorzündung, größere Schwungmassen, breitere Kühlrippen (die überdies geschwärzt waren), einen 34er-Mikuni-Vergaser (XT: 32 mm), eine andere Auspuffanlage sowie ein größeres Einlassventil. Auslassventile, Schäfte und Bohrung-Hubverhältnis entsprachen der schon in Deutschland sehr erfolgreichen XT 500.

Modell:	Yamaha SR 500
Baujahr:	1978
Motor:	1-Zyl., 4-Takt, ohc, 2V.
Hubraum (ccm):	499
Bohrung x Hub (mm):	87 x 84
Max. Leistung (kW/min):	20/6000
Max. Drehm. (Nm/min):	38/3500
Gemischaufbereitung:	Vergaser
Kraftübertragung:	5-Gang, Kette
Starter:	Kick
Fahrwerk:	Zentralrohrr., Telegabel, Federbeine
Reifen v./h. (mm):	3.25-21/4.00-18
Federweg v./h. (mm):	150/110
Bremsen v./h. (mm):	Scheibe 298 / Trommel 150
Gewicht (kg):	173
Radstand (mm):	1360
Höchstgeschw. (km/h):	134

Yamaha XS 1100

Yamahas Vierzylinder Bigbike debütierte auf dem 64. Pariser Salon im Spätjahr 1977, gelangte aber erst im Frühjahr 1978 zur Auslieferung. Die 1100er-Vierzylinder mit Kardanantrieb wies die gleichen konstruktiven Grundzüge wie die Dreizylinder auf, ein klauengeschaltetes Fünfganggetriebe leitete die Motorleistung über eine Kardanwelle im linken Schwingenholm an das 17-Zoll-Hinterrad weiter. Wer sich für eine XS 1100 entschied, erhielt einen urgewaltigen, enorm drehfreudigen Zweiventiler mit der Optik eines Büffels und der Unverwüstlichkeit eines Elefanten: Laufleistungen weit jenseits der 100.000-Kilometer-Grenze waren die Regel. Größere Modellpflegemaßnahmen fanden nicht statt, lediglich die Modelle ab 1980 mussten auf einen Kickstarter verzichten.

Modell:	Yamaha XS 1100
Baujahr:	1978
Motor:	4-Zyl., 4-Takt, dohc, 2V.
Hubraum (ccm):	1101
Bohrung x Hub (mm):	71,5 x 68,5
Max. Leistung (kW/min):	70/8000
Max. Drehm. (Nm/min):	90,2/6500
Gemischaufbereitung:	Vergaser
Kraftübertragung:	5-Gang, Kardan
Starter:	Kick/Elektro
Fahrwerk:	Doppelschleifenr., Telegabel, Federbeine
Reifen v./h. (mm):	3.50-19/4.50-17
Federweg v./h. (mm):	150/118
Bremsen v./h. (mm):	2 x Scheibe 298 / Scheibe 298
Gewicht (kg):	283
Radstand (mm):	1545
Höchstgeschw. (km/h):	215

Zündapp KS 125

1917 gegründet, war Zündapp in den 1970ern nur noch bei den 50-Kubik-Maschinen eine Größe, auf dem Motorradmarkt spielte man keine Rolle mehr. Flaggschiff auf Basis der 1967 gezeigten, 8 PS starken 100er war die KS 125 von 1971. Die sportliche und leistungsfähige Achtelliter-Maschine hatte 15 PS, dann 17 PS. Der Motor und auch die Telegabel kamen direkt von den Cross-Wettbewerbsmaschinen. Die Zündapp war zweifellos eine der besten 125er ihrer Zeit, mit 2698 Mark aber auch eine der teuersten. Den Verkaufszahlen hat das aber kaum geschadet: Europas Biker standen auf Schnittiges aus Japan. Die Serie lief, zuletzt mit Scheibenbremse, bis 1976.

Modell:	Zündapp KS 125 S
Baujahr:	1971
Motor:	1-Zyl., 2-Takt
Hubraum (ccm):	124
Bohrung x Hub (mm):	54 x 54
Max. Leistung (kW/min):	11/7600
Max. Drehm. (Nm/min):	16,4/7400
Gemischaufbereitung:	Vergaser
Kraftübertragung:	5-Gang, Kette
Starter:	Kick
Fahrwerk:	Doppelrohr, Telegabel, Federbeine
Reifen v./h. (mm):	2.75-18/3.25-18
Federweg v./h. (mm):	150/98
Bremsen v./h. (mm):	Trommel/Trommel 150
Gewicht (kg):	116
Radstand (mm):	1320
Höchstgeschw. (km/h):	126

Foto: Werk

Zündapp KS 175

Die 175er Zündapp war nicht stärker und kaum schneller als die 125er, von der sie abgeleitet worden war, hatte eigentlich nur 163 Kubik und machte nicht viel mehr als eine 50er. Was nützte es da, dass die 1976 gezeigte 125er-Nachfolgerin hübsch aussah, ein tolles Fahrwerk und einen sehr kultivierten Einzylinder-Zweitakter mit Wasserkühlung zu bieten hatte und das beste 17-PS-Motorrad ihrer Zeit war? Für die verlangten 3880 Mark gab es bereits japanische 250er (und bei manchen Grauimporteuren sogar 400er), und die rangierten dann in der 27-PS-Klasse. Die KS 175 konnte als völlig nackte Maschine oder mit einer knappen Lampenverkleidung geordert werden. Kennzeichen des 1979er Jahrgangs war der große Rechteck-Scheinwerfer.

Modell:	Zündapp KS 175
Baujahr:	1976
Motor:	1-Zyl., 2-Takt
Hubraum (ccm):	163
Bohrung x Hub (mm):	62 x 54
Max. Leistung (kW/min):	12,5/7400
Max. Drehm. (Nm/min):	17/7000
Gemischaufbereitung:	Vergaser
Kraftübertragung:	5-Gang, Kette
Starter:	Kick
Fahrwerk:	Doppelrohr, Telegabel, Federbeine
Reifen v./h. (mm):	2.75-18/3.25-18
Federweg v./h. (mm):	155/105
Bremsen v./h. (mm):	Scheibe 260 / Trommel 150
Gewicht (kg):	121
Radstand (mm):	1320
Höchstgeschw. (km/h):	126